电 工 基 础

方群霞　韦小芬　梁志新　主　编

陈善策　黄佑新　黄林鹏
梁金夏　杨　超　韦红美　副主编

天津出版传媒集团

天津科学技术出版社

内 容 简 介

本书由百色职业学院和百色市骏科机电设备工程有限公司校企合作共同开发完成，取消了传统教材的章节结构，教学内容的选择以"能用、够用、适用"为原则，理论联系实践，注重操作技能的培养。本书共分 6 个项目，项目 1 主要介绍电工基本技能；项目 2 主要介绍电路的基本知识；项目 3 主要介绍基本元件的识别及电工常用仪器仪表的使用；项目 4 主要介绍直流电路的分析；项目 5 主要介绍单相交流电路基础和照明电路的安装与测量；项目 6 主要介绍三相正弦交流电路的分析与测量。

本书可作为高等职业院校电工基础课程的教材，也可作为工程技术人员的学习参考资料。

图书在版编目（CIP）数据

电工基础/方群霞，韦小芬，梁志新主编. --天津：
天津科学技术出版社，2021.4
　ISBN　978-7-5576-8809-7
　Ⅰ.①电… Ⅱ.①方… ②韦… ③梁… Ⅲ.①电工
Ⅳ.①TM
中国版本图书馆 CIP 数据核字（2021）第 056846 号

电工基础
DIANGONG JICHU

责任编辑：刘　鸫
责任印制：兰　毅

出　版：　**天津出版传媒集团**
　　　　　　　天津科学技术出版社
地　址：天津市西康路 35 号
邮　编：300051
电　话：(022) 23332377（编辑室）
网　址：www.tjkjcbs.com.cn
发　行：新华书店经销
印　刷：北京时尚印佳彩色印刷有限公司

开本 787×1092　1/16　印张 8.5　字数 202 000
2021 年 4 月第 1 版第 1 次印刷
定价：40.00 元

前言 PREFACE

本书由百色职业学院和百色市骏科机电设备工程有限公司校企合作共同开发完成，取消了传统教材的章节结构，教学内容的选择以"能用、够用、适用"为原则，采用"基于项目教学""基于工作过程"的职业教育课程理念，力求建立以项目为核心、以任务为载体、以工作过程为导向的教学模式，引导教师在"做中教、教中做"，学生在"学中做、做中学"，淡化理论，强化应用，注重操作技能的提高和岗位职业能力的培养，让学生学得轻松、学得实用。

本书共分 6 个项目，项目 1 主要介绍电工基本技能，包括安全用电与急救基本知识、常用电工工具和导线连接；项目 2 主要介绍电路的基本知识，包括电路及其基本物理量、基尔霍夫定律的验证；项目 3 主要介绍基本元件的识别及电工常用仪器仪表的使用；项目 4 主要介绍直流电路的分析，包括电路的等效、电路的基本分析方法和定理；项目 5 主要介绍单相交流电路基础和照明电路的安装与测量；项目 6 主要介绍三相正弦交流电路的分析与测量，包括三相电源与三相负载、三相电路的分析、功率计算和常用控制器件的安装使用。

本书可作为高等职业院校电工基础课程的教材，也可作为工程技术人员的学习参考资料。

本书由方群霞、韦小芬、梁志新担任主编，陈善策、黄佑新、黄林鹏、梁金夏、杨超、韦红美担任副主编。

由于编者水平有限，书中难免有疏漏和不妥之处，恳请广大读者批评指正。

编　者

2021 年 3 月

目　录 CONTENTS

项目 1　电工基本技能

任务 1.1　安全用电与急救

1.1.1　电力系统的基本知识

电力系统是由发电厂、变电站（所）、送电线路、配电线路、电力用户组成的整体。其中，联系发电厂与用户的中间环节称为电力网，主要由送电线路、变电所、配电所和配电线路组成。电力系统和动力设备组成了动力系统，动力设备包括锅炉、汽轮机、水轮机等。

1. 电能的产生

电能由发电厂提供，发电厂通过发电机将热能（煤、油、核能）、水能、风能转换为电能，如图 1.1 所示。

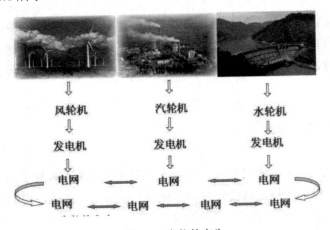

图 1.1　电能的产生

2. 电能的输送

电能的输送如图 1.2 所示。高压线把发电厂和变电站连接起来，将电能送往电网。输送电能的高压电线称为输电线路，电压一般为 110kV 及以上。输电线路经变电站连接在一起组成输电网。

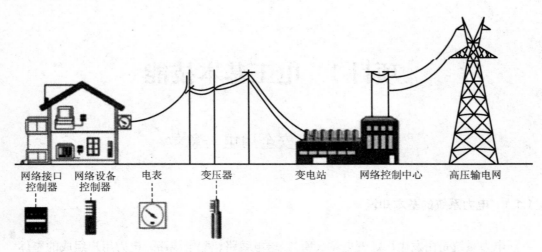

网络接口　　网络设备　　电表　　变压器　　变电站　　网络控制中心　　高压输电网
控制器　　　控制器

图 1.2　电能的输送

3. 低压供电系统的特点

低压供电系统是由总配电室内的低压配电柜、低压输送电缆；各用户进线总配电柜、分配电箱、用电设备等组成。低压配电线路是向低压用电设备输送和分配电能，具有接头多、规格型号多、敷设方式多、线路长，以及各分配电箱内的控制开关具有操作次数多等特点。各用电设备又具有多样性，如生产机械、电热、电解电镀、电焊及实验设备、照明等，这些用电设备，其用电特性各有不同，按电流种类可分为交流用电设备和直流用电设备；按电压可分为低压用电设备和安全电压用电设备；按用电设备的工作制可分为连续运行、短时运行和重复短时运行等。由于低压供电系统的以上特点，线路、开关等会经常出现短路、漏电等现象，从而造成火灾、人身触电等重大事故，给企业和个人带来巨大的损失。

1.1.2　安全用电的基本常识

现代化生产和生活都离不开电能，电给人类带来了光明，推动了人类社会的进步。但如果使用不当、操作不慎，都会导致破坏性的严重后果。因此，我们应正确地使用电能，安全用电，保证人身、财产及设备的安全。

1. 电流对人体的作用

触电一般是指人体触及带电体时电流对人体所造成的伤害。根据伤害的性质不同，电流对人体的伤害可分为电伤和电击。电伤是指由于电流的热效应、化学效应和机械效应对人体的外表造成的局部伤害，如电灼伤、电烙印、皮肤金属化等。

电击是指电流流过人体内部造成人体内部器官的伤害。当电流流过人体时，会造成人体内部器官，如呼吸系统、血液循环系统、中枢神经系统等发生变化，机能紊乱，严重时会导致休克甚至死亡。

电击致人死亡的原因有三个方面：第一是流过心脏的电流过大、持续时间过长，引起"心室纤维性颤动"而死亡；第二是因电流作用使人产生窒息而死亡；第三是因电流作用使心脏停止跳动而死亡。

电击是触电事故中后果最严重的一种，绝大部分触电死亡事故都是电击造成的。通常所说的触电事故，主要是指电击。电击伤害的严重程度与通过人体电流的大小、电压高低、持续时间、频率、通过的途径等有关。

（1）电流大小对人体的影响

通过人体的电流越大，人体的生理反应越明显，致命的危险性也越大。按照工频交流电通过人体时对人体产生的作用，可将电流划分为以下三级。

1）感知电流。引起人感觉的最小电流叫感知电流。成年男性平均感知电流的有效值大约为 1.1mA，女性为 0.7mA。感知电流一般不会对人体造成伤害。

2）摆脱电流。人触电后能自主摆脱电源的最大电流称为摆脱电流。男性的摆脱电流为 9mA，女性为 6mA，儿童较成人为小。摆脱电流的能力是随触电时间的延长而减弱的，触电后不能立即摆脱电源，后果是严重的。

3）致命电流。在较短时间内危及生命的电源称为致命电流。电击致命的主要原因是电流引起心室颤动。引起心室颤动的电流一般在数百毫安以上。

（2）通电时间对人体的影响

电流对人体的伤害与流过人体电流的持续时间有密切关系。电流持续时间越长，其对应的引起心室颤动的电流阈值越小，对人体的危害越严重。这是因为时间越长，体内积累的外能量越多，人体电阻因出汗及电流对人体组织的电解作用而变小，使伤害程度进一步增加；另外，人体的心脏每收缩、舒张一次，中间约有 0.1s 的间隙，在这 0.1s 的时间内，心脏对电流最敏感，若电流在这一瞬间通过心脏，即使电流很小（几十毫安），也会引起心室颤动。显然，电流持续时间越长，重复这段危险期的概率越大，危险性越大。一般认为，工频电流 15～20mA 以下及直流 50mA 以下对人体是安全的，但如果持续时间过长，即使小到 8～10mA，也可能使人致命。因此，一旦发生触电事故，要尽快使触电者脱离电源。

（3）电流途径对人体的影响

电流通过心脏时会导致心室颤动，血液循环中断，危险性很大，较大的电流还会导致心脏停止跳动；电流通过头部会使人昏迷，严重的会使人死亡；电流通过脊髓会导致肢体瘫痪；电流通过中枢神经有关部分，会引起中枢神经系统强烈失调而致残。

（4）人体的电阻

人体触电时流过人体的电流在电压一定时，是由人体的电阻决定的。人体电阻越大，流过的电流越小，受到的伤害越小。人体不同部分（如皮肤、血液、肌肉及关节等）对电流呈现出一定的阻抗，称为人体电阻。人体电阻的大小是变化的，其值取决于接触电压、电流途径、持续时间、接触面积、温度、压力、皮肤厚薄及完好程度、潮湿度和清洁程度等。不同条件下的人体电阻如表 1.1 所示。一般情况下，人体电阻可看成 1000～2000Ω，在安全要求较高的场合，人体电阻可按不受外界因素影响的体内电阻（500Ω）来考虑。

表 1.1　不同条件下的人体电阻

加于人体的电压/V	人体电阻/Ω			
	皮肤干燥	皮肤潮湿	皮肤湿润	皮肤浸入水中
10	7000	3500	1200	600
25	5000	2500	1000	500
50	4000	2000	875	440
100	3000	1500	770	375
250	2000	1000	650	325

2. 触电方式及触电产生的原因

（1）触电方式

按照人体触及带电体的方式和电流通过人体的途径，触电可分为单相触电、两相触电和跨步触电三种情况。

1）单相触电。单相触电是指在人体与大地之间互不绝缘的情况下，人体的某一部位触及三相电源线中的任意一根导线，电流从带电导线经过人体流入大地而造成的触电伤害，大部分触电事故是单相触电。单相触电又分为电源中性点接地和不接地两种情况，一般情况下接地电网比不接地电网的单相触电危险性大。如图 1.3 所示为电源中性点接地系统的单相触电示意图，这时人体承受相电压的作用，危险性较大。如图 1.4 所示为电源中性点不接地系统的单相触电示意图，通过人体的电流取决于人体电阻与输电线对地绝缘电阻的大小，若输电线绝缘良好，绝缘电阻大，这种触电对人体的危害比中性点接地时小。

2）两相触电。两相触电，也叫相间触电，是指在人体与大地绝缘的情况下，同时接触到两根不同的相线，或者人体同时触及电气设备的两个不同相的带电部分时，电流由一根相线经过人体流到另一根相线，形成闭合回路，如图 1.5 所示。由于人体承受两相线间的线电压，故其危险性比单相触电的危险性更大。

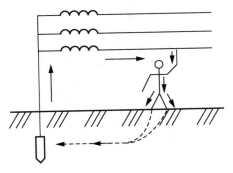

图 1.3 电源中性点接地的单相触电

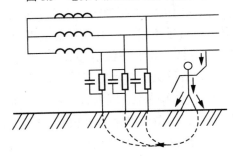

图 1.4 电源中性点不接地的单相触电

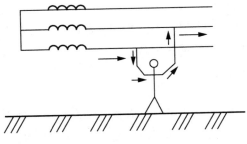

图 1.5 两相触电

3）跨步电压触电。当电气设备的绝缘损坏或线路的一相断线落地时，电流就会从落地点流入地中。这时电流在落地点周围土壤中产生电压降，落地点的电位即导线的电位，离落地点越远，电位越低，一般离开落地点 20m 处以外的地方，电位为零。人在落地点周围，两脚之间出现的电压即跨步电压，由此电压引起的触电事故叫跨步电压触电，如图 1.6 所示。高压故障落地处或有大电流流过的接地装置附近都可能出现较高的跨步电压。

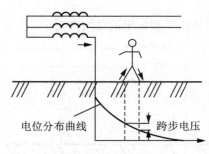

图 1.6 跨步电压触电

（2）触电产生的原因

触电事故的发生有多方面的原因，同时也有一定规律，了解这些原因和规律有利于防止触电事故的发生，做到安全用电。引起触电的原因主要有以下几种。

1）缺乏电气安全常识。在日常生活中，有很多触电事故是由于缺乏电气安全常识而造成的，例如儿童玩耍带电导线，在高压线附近放风筝等。

2）违章操作。由于电气设备种类繁多和电工工种的特殊性，国家有关部门制定了各种具体的安全操作规程，但从业人员还会因为有违章操作而发生触电事故。例如违反"停电检修安全工作制度"，因误合闸造成维修人员触电；违反"带电检修安全操作规程"，使操作人员触及带电部分；带电乱拉临时照明线等。

3）设备不合格。因假冒伪劣设备使用劣质材料，生产工艺粗糙，使设备绝缘等级、抗老化能力低，容易造成触电。

4）维修不善。如大风刮断的低压电线和刮倒的电线杆未能得到及时处理；电器设备、电动机接线破损而使外壳长期带电等。

3．预防触电事故的措施

预防触电事故、保证电气工作安全的措施可分为组织措施和技术措施两个方面。保证安全的组织措施就是认真执行四项工作制度，即工作票制度、工作许可制度、工作监护制度和工作间断、转移和终结制度。保证安全的技术措施主要有停电、验电、挂接地线、挂告示牌及设遮栏等。为了防止偶然触及或过分接近带电体造成直接电击，可采取绝缘、屏护、间距等安全措施。为了防止触及正常不带电而意外带电的导电体造成电击，可采取接地、接零和应用漏电保护等安全措施。

（1）接地和接零

接地分为正常接地和故障接地。故障接地是指电气装置或电气线路的带电部分与地之间的意外连接。正常接地往往是人为接地，就是把电源或电气设备的某一部分，通常是其金属外壳，用接地装置与大地作电的紧密连接。接地装置由埋入地下的金属接地体和接地线组成。

正常接地又分为工作接地和安全接地。安全接地主要包括防触电的保护接地、防雷接地、防静电接地及屏蔽接地等。

1）工作接地。在三相交流电力系统中，作为供电电源的变压器低压中性点接地称为工作接地，如图 1.7 所示。工作接地减轻了高压串入低压的危险性，同时也减轻了当低压一相接地时的触电危险。

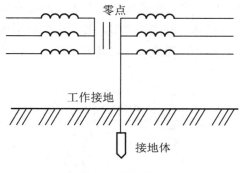

图 1.7 工作接地

我国运行的 380/220V 低压配电系统都采用了中性点直接接地的运行方式。工作接地是低压电网运行的主要安全措施，工作接地的接地电阻不大于 4Ω。

2）保护接地。为了防止电气设备外露的不带电导体意外带电而造成危险，将该电气设备经保护接地线与深埋在地下的接地体紧密连接起来的做法叫保护接地。

由于绝缘破坏或其他原因可能出现危险电压的金属部分，都应采取保护接地措施。如电机、变压器及其他电气设备的金属外壳都应予以接地。一般低压系统中，保护接地电阻应小于 4Ω。图 1.8 所示是保护接地的示意图。保护接地是中性点不接地低压系统的主要安全措施。

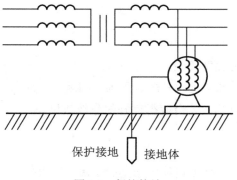

图 1.8 保护接地

当设备的绝缘损坏而使外壳带电时，在外壳未接地的情况下人体触及外壳就相当于单相触电；在外壳接地时人体触及外壳，由于人体电阻与接地电阻并联，通常接地电阻远小于人体电阻，所以通过人体的电流很小，不会产生危险。

3）保护接零。保护接零就是在电源中性线接地的系统中，把电气设备在正常情况下不带电的金属部分与电网的零线（中性线）直接连接。应当注意的是在三相四线制的电力系统中，通常把电气设备的金属外壳同时接零、接地，这就是重复接地保护。

如图 1.9 所示是中性点接地的三相四线制低压配电系统采取的最主要的安全保护，当电动机某一相绕组的绝缘损坏与外壳相接时，就形成相应相线的电源直接短路。短路电流使电路上的保护装置（如熔断器烧断、自动开关跳闸）迅速动作，从而切断电源。

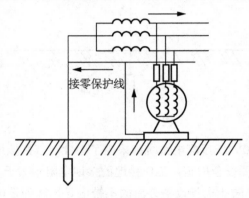

图 1.9　保护接零

（2）漏电保护

漏电保护是近年来推广采用的一种新的防止触电的保护装置。在电气设备中发生漏电或接地故障而人体尚未触及时，漏电保护装置就已经切断电源；或者在人体已触及带电体时，漏电保护装置能在非常短的时间内切断电源，减轻对人体的损害。

1.1.3　触电急救的方法

人触电后，有些伤害程度较轻，神志清醒，有些则很严重，会出现神经麻痹、呼吸中断、心跳停止等症状。如果处理及时、正确，则因触电而假死的人就可能获救。因此触电急救一定要迅速、得当，才会取得良好的急救效果。

1. 摆脱电源

触电以后，如果流过人体的电流大于摆脱电流，则人体不能自行摆脱电源。所以使触电者尽快摆脱电源是救护的首要步骤。

（1）低压触电的脱离

对于低压触电事故，如果触电者触及低压带电设备，救护人员应设法迅速关闭电源开关或拉开电源插头，或者用带有绝缘柄的电工钳切断电源。当电线搭在触电者身上或被压在身下时，可用干燥的衣物、手套、木棒等绝缘物作为工具拉开触电者或挑开电线，使触电者脱离电源。

（2）高压触电的脱离

对于高压触电事故，救护人员应带上绝缘手套，穿上绝缘靴，使用相应电压等级的绝缘工具拉开电源开关；或者抛掷金属线使线路短路、接地，迫使保护装置动作，切断电源。对于没有救护条件的，应该立即电话通知有关部门停电。

救人者既要救人，也要保护自己。在触电者未脱离电源之前，不得直接用手触及触电者，也不能抓他的鞋，而且最好用一只手救护。

2. 急救处理

当触电者脱离电源后，必须迅速判断触电程度，立即对症救治，同时通知医生前来抢救。

1）若触电者神志清醒，则应使之就地平躺，严密观察，暂时不要站立或走动，同时也要注意保暖和保持空气新鲜。

2）若触电者已神志不清，则应使之就地平躺，确保气道通畅，特别要注意呼吸、心跳状况。注意不要摇动伤者头部呼叫伤者。

3）若触电者失去知觉，停止呼吸，但心脏微有跳动，应在通畅气道后立即施行口对口（或鼻）人工呼吸急救法。

4）若触电者伤势非常严重，呼吸和心跳都已停止，通常对触电者立即就地采用口对口人工呼吸法和胸外心脏按压法进行抢救，有时应根据具体情况采用摇臂压胸呼吸法或俯卧压背呼吸法进行抢救。

实践活动：心肺复苏施救练习

1. 实训目的

1）会使用"口对口人工呼吸法"对触电者进行急救。
2）会使用"胸外心脏按压法"对触电者进行急救。

2. 实训器材

心肺复苏人体模型、医用酒精和棉球。

3. 实训内容及步骤

（1）教师演示"口对口人工呼吸法"

教师在心肺复苏人体模型（没有人体模型，则可直接在人体上进行）上演示"口对口人工呼吸法"的操作步骤。

1）将触电者仰卧，松开衣、裤，以免影响呼吸时胸廓及腹部的自由扩张。将颈部伸直，头部尽量后仰，掰开口腔，清除口中杂物，如果舌头后缩，应拉出舌头，使进出人体的气流畅通无阻，如图 1.10（a）所示。

2）捏鼻后仰托颈。救护者位于触电者头部的一侧，靠近头部的一只手捏住触电者的鼻子，防止吹气时气流从鼻孔流出，并用这只手的外缘压住额部，另一只手上抬其颈部，使触电者头部自然后仰，解除舌头后缩造成的呼吸阻塞，如图 1.10（b）所示。

3）吹气。救护者深呼吸后，用嘴紧贴触电者的嘴（中间可垫一层纱布或薄布）大口吹气，同时观察触电者胸部的隆起程度，一般以胸部略有起伏为宜，如图 1.10（c）所示。

4）换气。吹气结束后，迅速离开触电者的嘴，同时放开鼻孔，让其自动向外呼气，如图 1.10（d）所示。

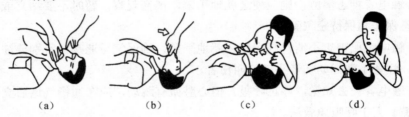

（a）　　　　（b）　　　　（c）　　　　（d）

图 1.10　口对口人工呼吸法

上述步骤反复进行，吹气 2s，放松 3s，大约 5s 一个循环。对成年人每分钟吹气 14～16 次，对儿童每分钟吹气 18～24 次。对儿童和体弱者吹气时，一定要掌握好吹气量的大小，且不可捏紧鼻孔，以防止吹破肺泡。

（2）教师演示"胸外心脏按压法"

教师在心肺复苏人体模型（没有人体模型，则可直接在人体上进行）演示"胸外心脏按压法"的操作步骤。

1）将触电者仰卧在硬板或平整的硬地面上，解松衣、裤。抢救者跪跨在触电者腰部两侧，如图 1.11（a）所示。

2）确定胸外心脏按压正确的按压部位：胸口剑突向上两指处，如图 1.11（b）所示。

3）抢救者双臂伸直，双手掌相叠，下面一只手的手掌根部放在按压部位。按压时利用上半身体重和肩、臂部肌肉力量向下平稳按压，使胸下陷，按压至最低点时应有一

明显的停顿。由此使心脏受压，心室的血液被压出，流至触电者全身各部位，如图 1.11
（c）所示。

4）双手自然放松，让触电者胸部自然复位，让心脏舒张，血液流回心室，但放松
时下面手掌不要离开按压部位，如图 1.11（d）所示。

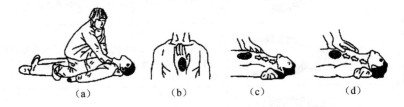

（a）　　　　　　（b）　　　　　　（c）　　　　　　（d）

图 1.11　胸外心脏按压法

重复步骤 3）和步骤 4），按压频率为每分钟 80～100 次。按压深度为成人 4～5cm，
小孩 2～3cm。

（3）学生分组练习

在教师的指导下，学生分成两人一组，相互进行上述两种方法的急救练习。

任务 1.2　常用电工工具和导线连接

1.2.1　常用电工工具

常用电工工具指一般电工岗位都要使用的工具。电气操作人员必须掌握常用电工工
具的结构、性能和正确的使用方法。常用电工工具有验电笔、螺丝刀（螺钉旋具）、钢
丝钳、尖嘴钳、斜口钳、剥线钳、电工刀、活扳手、电烙铁、镊子等，如表 1.2 所示。

表 1.2　常用电工工具

名称	图示	功能及用途
验电笔		验电笔简称电笔，是用来检查测量低压导体和电气设备外壳是否带电的一种常用工具。验电笔常做成小型螺丝刀结构
螺丝刀		螺丝刀是用来紧固或拆卸螺钉的工具，可分为一字形和十字形两种。一字形螺丝刀主要用来旋动一字槽形的螺钉，十字形螺丝刀主要用来旋动十字槽形的螺钉

名称	图示	功能及用途
钢丝钳	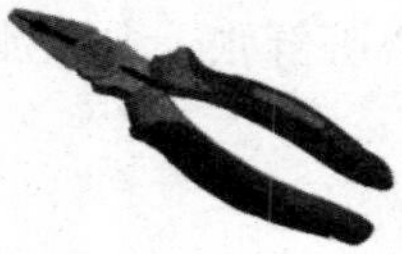	钢丝钳是用于剪切或夹持导线、金属丝或工件的钳类工具。钢丝钳的规格有 150mm、175mm 和 200mm 三种,均带有橡胶绝缘套管,可适用于 500V 以下的带电作业
尖嘴钳		尖嘴钳也是电工常用的工具之一,它的头部尖细小,特别适宜于狭小空间的操作,功能与钢丝钳相似
斜口钳		斜口钳主要用于剪切导线、元器件多余的引线,还常用来代替一般剪刀剪切绝缘套管、尼龙扎线卡等
剥线钳	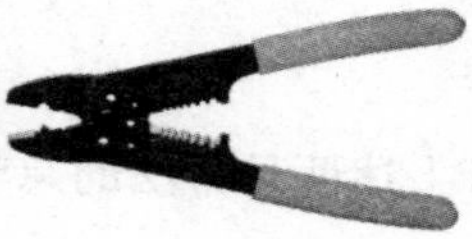	剥线钳用于剥削直径在 6mm 以下的塑料电线或橡胶电线线头的绝缘层
电工刀	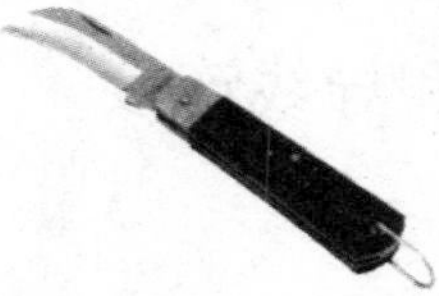	电工刀可用于剖削导线的绝缘层、电缆绝缘层、木槽板等
活扳手		活扳手是一种常用的安装与拆卸工具,是利用杠杆原理拧转螺栓、螺钉、螺母的手工工具
电烙铁	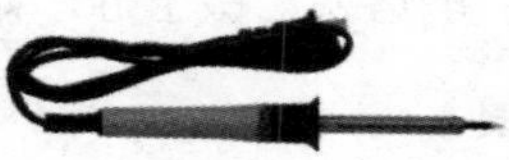	电烙铁是电子制作和电器维修的必备工具,主要用途是焊接元件及导线,按结构可分为内热式电烙铁和外热式电烙铁,按功能可分为焊接用电烙铁和吸锡用电烙铁
镊子	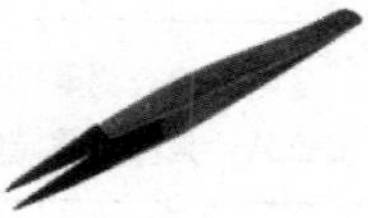	镊子是电工电子维修中经常使用的工具,常被用于夹持导线、元件及集成电路引脚等

1.2.2　电工工具使用规范

1. 验电笔

验电笔又称为"试电笔"和"测电笔"，是用于检测电气设备或线路是否带电的工具。生活中常用的有螺丝刀式和数字式两种。

（1）螺丝刀式验电笔

螺丝刀式验电笔如图 1.12 所示。

图 1.12　螺丝刀式验电笔

1）内部结构。

螺丝刀式验电笔的内部结构如图 1.13 所示。

2）使用方法。使用前，必须检查验电笔是否损坏、有无受潮或进水现象，检查合格后才可使用。

使用螺丝刀式验电笔测试时，以大拇指和中指夹紧笔身，食指接触金属端盖，用笔头去接触所检测的电气设备或线路。若检测的电气设备或线路所带电压在验电笔测试范围内，氖管发亮。

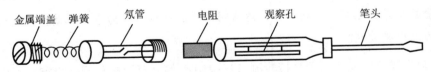

金属端盖　弹簧　　　氖管　　　　电阻　　　观察孔　　　　　笔头

图 1.13　螺丝刀式验电笔的内部结构

注意事项

1. 检测时身体严禁接触验电笔笔头，以免发生触电。若笔头较长，可以加绝缘套管。

2. 明亮的光线下要注意避光，以防光线太强而不易观察到氖管是否发亮，从而造成误判。

3. 使用完毕后，要保持验电笔清洁，并放置干燥处，严防摔碰。

验电笔除了可以判断物体是否带电外，还常有以下两个用途：

1）区别交流电和直流电。在用验电笔测试时，如果验电笔氖管中的两个极都发光，则是交流电；若两个极中只有一个极亮，则是直流电，并且氖管发亮的那个极是负极。

2）区分交流电异相或同相。人站在对地完全绝缘的物体上，两只手正确地各握一支验电笔。当两支验电笔同时接触到导线时，验电笔氖管发光则为同相，不亮则为异相。

（2）数字式验电笔

数字式验电笔如图 1.14 所示。

1）按键说明如下：

DIRECT（A 键）：直接测量按键（离液晶屏较远），也就是用触头直接去接触线路时，请按此按键。

INDUCTANCE（B 键）：感应测量按键（离液晶屏较近），也就是用触头感应接触线路时，请按此按键。

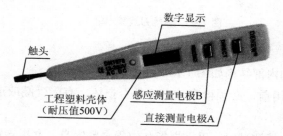

图 1.14　数字式验电笔

注意事项

不管数字式验电笔上如何印字，请认明离液晶屏较远的为直接测量按键，离液晶屏较近的为感应测量键。

2）数字式验电笔适用于直接检测 12～250V 的交直流电和间接检测交流电的中性线、相线和断点，还可测量不带电导体的通断。

3）直接检测：

① 最后数字为所测电压值。

② 未到高断显示值 70% 时，显示低断值。

③ 测量直流电时，应手碰另一极。

4）间接检测：按住 B 键，将触头靠近电源线，如果电源线带电，数字式验电笔的显示屏上将显示高压符号。

5）断点检测：按住 B 键，沿电线纵向移动时，显示屏内无显示处即为断点处。

2. 螺丝刀

螺丝刀是人们生活中常用的一种工具，用于旋动螺钉，按其头部形状可分为一字形和十字形，如图 1.15 所示。

（1）规格

1）一字形螺丝刀的型号表示为刀头宽度×刀杆长度。例如，2mm×75mm，表示刀头宽度为 2mm，刀杆长度为 75mm（非全长）。

图 1.15　螺丝刀

2）十字形螺丝刀的型号表示为刀头大小×刀杆长度。例如，2＃×75mm，表示刀头为 2 号，金属杆长为 75mm（非全长）。有些厂家以 PH2 来表示 2＃，实际是一样的。可以以刀杆的粗细来大致估计刀头的大小，不过工业上是以刀头大小来区分的。型号 0＃、1＃、2＃、3＃对应的金属杆粗细大致为 3.0mm、5.0mm、6.0mm、8.0mm。

（2）使用方法

1）选择的螺丝刀的刀口必须和螺钉槽吻合。

2）让螺丝刀刀口端与螺钉槽口处于垂直。

3）当开始拧紧或拧松时，用力将螺丝刀压紧后再用手腕力扭转螺丝刀刀柄；然后拧紧或拧松。

3. 钢丝钳

（1）结构

钢丝钳由钳头、钳柄和钳柄绝缘套组成，其中钳头由钳口、齿口、刀口和铡口组成，如图 1.16 所示。

钳头各部分作用如下：

钳口：弯绞和钳夹导线。

齿口：紧固或拧松螺母。

刀口：剪切或剖削软导线绝缘层。

铡口：铡切导线线芯、钢丝或铅丝等较硬金属丝。

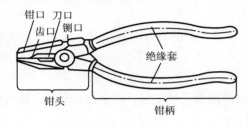

图 1.16　钢丝钳

（2）规格

钢丝钳的规格有 160mm、180mm、200mm。

（3）使用方法

将钳口朝内侧，便于控制钳切部位；用小指伸在两钳柄中间来抵住钳柄，张开钳头，这样分开钳柄灵活。

注意事项

1. 使用前应检查其绝缘柄绝缘状况是否良好，若发现绝缘柄绝缘破损或潮湿，不允许带电操作，以免发生触电事故。

2. 用钢丝钳剪切带电导线时，必须单根进行，不得用刀口同时剪切相线和中性线或者两根相线，否则会发生短路事故。

3. 不能用钳头代替锤子作为敲打工具，否则容易引起钳头变形。钳头的轴销应经常加机油润滑，保证其开闭灵活。

4. 严禁用钢丝钳代替扳手紧固或拧松大螺母，否则会损坏螺栓、螺母等工件的棱角，导致无法使用扳手。

5. 使用完毕后，放置于干燥处，为防止生锈，钳轴要经常加油。

4. 剥线钳

（1）用途

剥线钳如图 1.17 所示，用于小直径导线绝缘层的剥削。

（2）使用方法

1）根据缆线的粗细型号，选择相应的剥线刀口。

2）将准备好的电缆放在剥线工具的刀刃中间，选择好要剥线的长度。

3）握住剥线工具手柄，将电缆夹住，缓缓用力使电缆外表皮慢慢剥落。

4）松开工具手柄，取出电缆线，这时电缆金属整齐露出，其余绝缘塑料完好无损。

图 1.17 剥线钳

5. 电工刀

电工刀（图 1.18）是电工常用的一种剖削工具，由刀片、刀刃、刀把和刀挂组成。不用时，把刀片收缩到刀把内。

图 1.18 电工刀

使用电工刀剖削前，要先将电工刀的刀刃磨锋利。剖削时，刀片与导线以一定锐角切入，要控制力度，避免伤及线芯，同时注意防止划伤手指。图 1.19 所示为用电工刀剥离单芯导线绝缘层的方法。

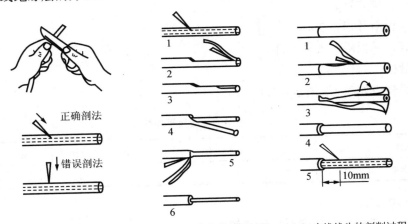

（a）线头的剖削角度　　（b）塑料线线头的剖削过程　　（c）皮线线头的剖削过程

图 1.19 用电工刀剥离单芯导线绝缘层的方法

6. 活扳手

（1）用途

活扳手用于紧固和拆卸螺栓。

（2）结构

活扳手由轴销、扳柄、蜗轮、活扳唇和呆扳唇组成，如图1.20所示。各部分作用如下：

图1.20 活扳手

轴销：防止开口调节螺母脱落。

扳柄：提供力臂。

蜗轮：调节开口大小。

活扳唇、呆扳唇：夹紧工件。

（3）规格

活扳手规格如表1.3所示。

表1.3 活扳手规格

单位：mm

活扳手规格	100	150	200	250	300	375	450	600
最大开口宽度	13	19	24	28	34	43	52	62

（4）使用方法

1）根据工件的大小选择合适的活扳手。

2）调节蜗轮使活扳手的开口宽度和工件吻合。

3）往活扳唇方向旋转扳柄，紧固或拆卸工件。

注意事项

1. 活扳手开口不应太松，防止打滑，以免损坏工件和造成人身伤害。
2. 要顺力顺扳，不准反扳，以免损坏扳手。
3. 扳手用力方向 1m 内严禁站人。
4. 使用完毕后注意保持干净。

7. 电烙铁

电烙铁是电子线路中最常用的焊接工具，其组成如图 1.21 所示。

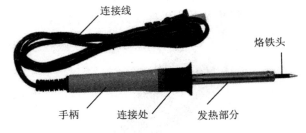

图 1.21　电烙铁

（1）使用前注意事项

1）检测电烙铁好坏。首先可以从电烙铁手柄上看到电烙铁的功率和电压，根据 $P=U^2/R$ 估算出电烙铁发热芯的阻值大小，然后用万用表检测。若测得的阻值与估算的阻值基本吻合，说明电烙铁正常；若测得的阻值为无穷大或为零，说明电烙铁内部断路或短路，需维修。

2）新烙铁应用细砂纸将烙铁头打光亮，通电烧热，蘸上松香后用烙铁头刃面接触焊锡丝，使烙铁头表面均匀地镀上一层锡。这样做，可以便于焊接和防止烙铁头表面氧化。旧的烙铁头如严重氧化而发黑，可用钢锉锉去表层氧化物，使其露出金属光泽，重新镀锡后，才可继续使用。

3）认真检查电源插头、电源线绝缘有无损坏，并检查烙铁头是否松动。

（2）焊接方法

1）握持电烙铁的方法。通常，握持电烙铁的方法有握笔法和握拳法两种，如图 1.22 所示。握笔法适用于轻巧型的烙铁；握拳法适用于功率较大的烙铁，有正握和反握两种。

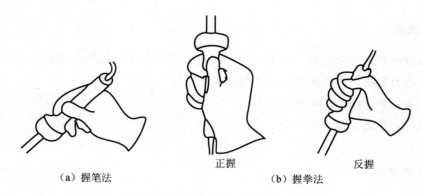

（a）握笔法 　　　　　正握　　　（b）握拳法　　　反握

图 1.22　电烙铁握持方法

2）焊料及其正确握法。焊料及其正确握法分别如图 1.23 和图 1.24 所示。

图 1.23　焊料

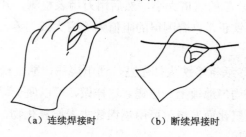

（a）连续焊接时　　　　　（b）断续焊接时

图 1.24　焊锡丝的正确握法

3）焊接工艺。图 1.25 和图 1.26 所示分别为五步焊接法和焊点锡量的掌握图。

注意事项

1. 焊接时间不能过长，否则会烧坏元器件。

2. 焊接过后如果电烙铁留有焊锡，严禁随手甩掉，否则会伤及身边的人。

3. 使用过程中不要任意敲击烙铁头，以免损坏电烙铁。

4. 电烙铁使用完毕后，应妥善保管，防止电烙铁被氧化。

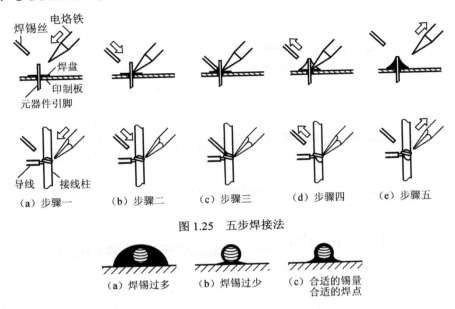

（a）步骤一　　（b）步骤二　　（c）步骤三　　（d）步骤四　　（e）步骤五

图 1.25　五步焊接法

（a）焊锡过多　　（b）焊锡过少　　（c）合适的锡量 合适的焊点

图 1.26　焊点锡量的掌握图

1.2.3　导线连接

1. 单股铜导线的直接连接

先将两导线的芯线线头做 X 形交叉，再将它们相互缠绕 2～3 圈后扳直两线头，然后将每个线头在另一芯线上紧贴密绕 5～6 圈后剪去多余线头即可，如图 1.27 所示。

2. 单股铜导线的分支连接

将支路芯线的线头紧密缠绕在干路芯线上 5～8 圈后剪去多余线头即可；对于较小截面的芯线，可先将支路芯线的线头在干路芯线上打一个环绕结，再紧密缠绕 5～8 圈后剪去多余线头即可，如图 1.28 所示。

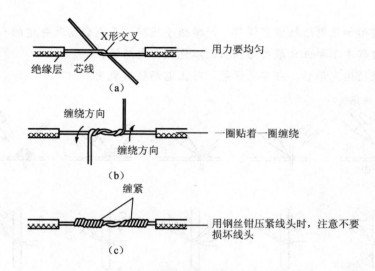

图 1.27　单股铜导线的直接连接方法

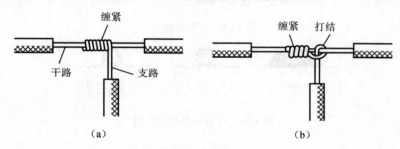

图 1.28　单股铜导线的分支连接方法

1.2.4　电缆及连接

电缆通常是由几根或几组导线（每组至少两根）绞合而成的类似绳索的电缆，每组导线之间相互绝缘，并常围绕着一根中心扭成，整个外面包有高度绝缘的覆盖层。电缆具有内通电、外绝缘的特征。

1. 电缆的直接连接

如图 1.29 所示，首先将剥去绝缘层的多股芯线拉直，将其靠近绝缘层的约 1/3 芯线绞合拧紧，而将其余 2/3 芯线成伞状散开，另一根需连接的导线芯线也如此处理；接着将两伞状芯线相对着互相插入后捏平芯线；然后将每一边的芯线线头分作三组，先将某一边的第一组线头翘起并紧密缠绕在芯线上，再将第二组线头翘起并紧密缠绕在芯线上，最后将第三组线头翘起并紧密缠绕在芯线上。以同样的方法缠绕另一边线头。

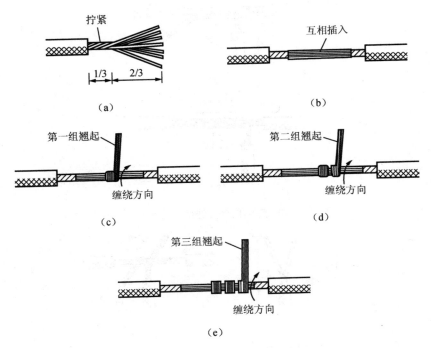

图 1.29　电缆的直接连接方法

2. 电缆的分支连接

电缆的 T 字分支连接有两种方法，一种方法如图 1.30 所示，将支路芯线 90°折弯后与干路芯线并行，然后将线头折回并紧密缠绕在芯线上即可。另一种方法如图 5.2.6 所示。将支路芯线靠近绝缘层的约 1/8 芯线绞合拧紧，其余 7/8 芯线分为两组，如图 1.31（a）所示。一组插入干路芯线当中，另一组放在干路芯线前面，并朝右边按图 1.31（b）所示方向缠绕 4～5 圈。再将插入干路芯线当中的那一组朝左边按图 1.31（c）所示方向缠绕 4～5 圈，连接好的导线如图 1.31（d）所示。

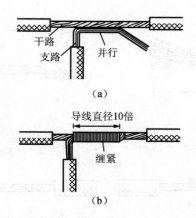

图 1.30　电缆的分支连接方法（一）

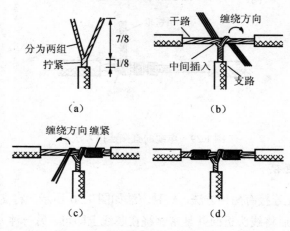

图 1.31　电缆的分支连接方法（二）

项目 2 初 识 电 路

任务 2.1 电路及其基本物理量

2.1.1 电路

电路是电流流经的路径，它是为了实现某种需要由某些电路元器件或电气设备通过连接导线按一定方式组合起来的。

1. 电路的组成

实际电路的繁简不一，电路结构形式多样，但电路必须具有电源（或信号源）、负载和中间环节三个基本组成部分。其中，电源是供应电能的设备，如发电厂、电池等；负载是取用电能的设备，如电灯、电动机等；中间环节是连接电源和负载的部分，起传输和分配电能的作用，如变压器、输电线等。

图 2.1（a）所示为最典型的电力系统电路。其中，发电机是电源，是提供电能的设备；电灯、电动机和电炉是负载，可把电能转化为光能、机械能和热能，是取用电能的设备；变压器和输电线是中间环节，是连接电源和负载的部分，用来传输和控制电能。

图 2.1（b）所示是扩音机电路原理图，话筒是输出信号的设备，称为信号源，相当于电源；扬声器是负载，是用来接收和转换信号的设备；放大器为中间环节，是连接电源和负载的部分。

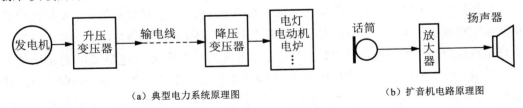

（a）典型电力系统原理图　　　　　　　　　　　　　（b）扩音机电路原理图

图 2.1 电路组成示意图

2. 电路的作用

电路的作用按照其所完成的任务可分为两种。一种是实现电能的传输和转换，如电力系统，先把发电机的电能经变压器和输电线传输给负载，负载再把电能转换为光能、机械能和热能等。另一种是实现信号的传递和处理，如扩音机电路先由话筒将声音转换为电信号传递给放大电路处理，然后再传递给扬声器将电信号还原为声音。

3. 电路的模型

实际电路是由电磁性质较为复杂的实际电路元件或器件组成的。如图 2.2（a）所示为简单手电筒的实际电路。

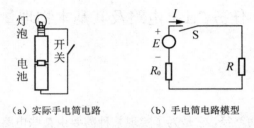

（a）实际手电筒电路 　　　（b）手电筒电路模型

图 2.2　实际电路及电路模型

由于实际电路元件的特性往往比较复杂，因而为了方便分析和计算，通常采用模型化的方法来表征实际的电路元件，即按照实际电路元件的主要物理性质，用一些理想电路元件来替代。理想电路元件，就是反映某种特定的电磁性质的假想元件。实际电路元件的种类虽然繁多，但有些元件其电磁性质有共同的特点，如各种电阻器、电灯、电炉主要是消耗电能，均可以用理想电阻元件表示；电池和发电机主要是提供电能，可以用理想电源元件表示；电感线圈主要存储磁场能量，电容器的主要性质是储存电场能量，因而可以分别用理想电感元件和电容元件表示。理想电路元件的符号如图 2.3 所示。

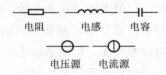

电阻　　　电感　　　电容

电压源　　　电流源

图 2.3　理想电路元件的符号

由理想电路元件组成的电路就是实际电路的电路模型，它是对实际电路电磁性质的科学抽象和概括。在图 2.2（a）所示的实际手电筒电路中，干电池是电源元件，可用一个理想电压源和一个内电阻的串联来替代，其参数为电动势 E 和电阻 R_0；灯泡消耗电能，可用一电阻元件替代，其参数为 R；筒体和开关是连接电池和灯泡的中间环节，其电阻可忽略不计，所以用无电阻的导线和开关替代。因此，得到实际手电筒电路的电路模型如图 2.2（b）所示。

2.1.2 电路元件

1. 电阻元件

电气设备中，将电能不可逆地转换成其他形式能量的特征可用"电阻"这个理想电路元件来表征。例如电灯、电炉等都可以用电阻来代替。

电阻的符号如图 2.4（a）所示。当电流通过它时将受到阻力，沿电流方向产生电压降，如图 2.4（a）所示。电压降与电流之间的关系遵从欧姆定律。在关联参考方向下，其表达式为

$$u = Ri \qquad (2.1)$$

式中：R 是表示电阻元件阻碍电流变化这一物理性质的参数。电阻的单位是欧[姆]（Ω）。

电阻元件也可用电导参数来表征，它是电阻 R 的倒数，用字母 G 表示，即

$$G = \frac{1}{R} \qquad (2.2)$$

电导的单位是西[门子]（S）。

在直角坐标系中，如果电阻元件的电压-电流特性（伏安特性）为通过坐标原点的一条直线[图 2.4（b）]就定义为线性电阻。这条直线的斜率等于线性电阻的电阻值，是一个常数。

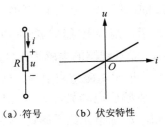

（a）符号　　　（b）伏安特性

图 2.4　电阻元件

如果电阻元件的电阻值随着通过它的电流（或其两端的电压）的大小和方向变化，其伏安特性是曲线，则称为非线性电阻。

电流通过电阻元件时，电阻消耗的电功率在 u、i 的参考方向一致时为

$$p = ui = Ri^2 = \frac{u^2}{R} \qquad (2.3)$$

由于电阻元件的电流和电压降的实际方向总是一致的，所以算出的功率任何时刻都

是正值，是消耗电能。因此电阻是一种耗能元件。

2. 电感元件

电感元件是用来表征电路中储存磁场能这一物理性质的理想元件。当有电流流过电感线圈时，其周围将产生磁场。磁通是描述磁场的物理量，磁通与产生它的电流方向间符合右手螺旋定则，如图 2.5（a）所示。

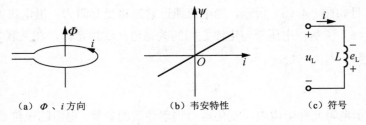

（a）Φ、i 方向   （b）韦安特性   （c）符号

图 2.5　电感元件

如果线圈有 N 匝，并且绕得比较密集，则可以认为通过各匝的磁通相同，与线圈各匝相交链的磁通总和称为磁链，即 $\psi = N\Phi$。ψ 与通过线圈的电流 i 的比值为

$$L = \frac{\psi}{i} = \frac{N\Phi}{i} \qquad (2.4)$$

式中：ψ（或 Φ）的单位为韦[伯]（Wb）；i 的单位为安[培]（A）；L 为线圈的电感，是电感元件的参数，单位为亨（H）。由式（2.4）可画出磁链与电流之间的函数关系曲线（电感的韦安特性）。如果 ψ 与 i 的比值是一个大于零的常数，其韦安特性是一条通过坐标原点的直线，如图 2.5（b）所示，则该电感称为线性电感；否则便是非线性电感。如果线圈的电阻很小可以忽略不计，而且线圈的电感为线性电感时，该线圈便可用如图 2.5（c）所示的理想电感元件来代替。根据电磁感应定律，当线圈中的电流变化时，磁通与磁链将随之变化，并在线圈中产生感应电动势 e_L，而元件两端就有电压 u_L。e_L 的方向与磁链方向间符合右手螺旋定则，e_L 的值正比于磁链的变化律，即

$$e_L = -\frac{\mathrm{d}\psi}{\mathrm{d}t} \qquad (2.5)$$

因此，在图 2.5（c）中，关联参考方向下，u_L 与 i 的参考方向是一致的，可得

$$e_L = -L\frac{\mathrm{d}i}{\mathrm{d}t} \qquad (2.6)$$

根据基尔霍夫电压定律有 $u_L = -e_L$，由此可知电感电压和电流的关系为

$$u_L = L \frac{\mathrm{d}i}{\mathrm{d}t} \tag{2.7}$$

上式表明，电感电压与电流的变化律成正比。如果通过电感元件的电流是直流电流，则 $\frac{\mathrm{d}i}{\mathrm{d}t}=0$，$u_L =0$，因此，在直流电路中，电感元件相当于短路。将式（2.7）等号两边积分并整理，可得电流 i 与电压 u_L 的积分关系式为

$$i = \frac{1}{L} \int_{-\infty}^{t} u_L \mathrm{d}t = \frac{1}{L} \int_{-\infty}^{0} u_L \mathrm{d}t + \frac{1}{L} \int_{0}^{t} u_L \mathrm{d}t = i(0) + \frac{1}{L} \int_{0}^{t} u_L \mathrm{d}t \tag{2.8}$$

式中：$i(0)$ 为计时时刻 $t = 0$ 时的电流值，又称初始值。上式说明了电感元件在某一时刻的电流值不仅取决于 $[0,\ t]$ 区间的电压值，而且与电流的初始值有关。因此，电感元件有"记忆"功能，是一种记忆元件。在电压电流关联参考方向下，电感元件吸收的电功率为

$$p = u_L i = Li \frac{\mathrm{d}i}{\mathrm{d}t} \tag{2.9}$$

当 i 的绝对值增大时，$i \frac{\mathrm{d}i}{\mathrm{d}t} > 0$，$p > 0$，说明此时电感从外部输入电功率，把电能转换成了磁场能；当 i 的绝对值减小时，$i \frac{\mathrm{d}i}{\mathrm{d}t} < 0$，$p < 0$，说明此时电感向外部输出电功率，把磁场能又转换成了电能。可见，电感中储存磁场能的过程也是能量的可逆转换过程。若电流 i 由零增加到 I 值，电感元件吸收的电能为

$$W = \int_{0}^{I} Li\mathrm{d}i = \frac{1}{2}LI^2 \tag{2.10}$$

若电流 i 由 I 值减小到零值，则电感元件吸收的电能为

$$W' = \int_{I}^{0} Li\mathrm{d}i = -\frac{1}{2}LI^2 \tag{2.11}$$

W' 为负值，表明电感放出能量。比较以上两式可见，电感元件吸收的能量与放出的能量相等。电感元件是储能元件。实际的空心电感线圈，当它的耗能作用不可忽略且电源频率不高时，常用电阻元件与电感元件的串联组合模型来表示。

当电感线圈中插入铁芯时，因电感的韦安特性不为直线，故电感不是常数，属于非线性电感。

3. 电容元件

电容是用来表征电路中储存电场能这一物理性质的理想元件。凡用绝缘介质隔开的两个导体就构成了电容器。如果忽略中间介质的漏电现象，则可看作一理想电容元件。

当电容元件两端加有电压 u 时，它的两极板上就会聚集等量异性的电荷 q，在极板间建立电场。电压 u 越高，聚集的电荷 q 越多，产生的电场越强，储存的电场能也越多。q 与 u 的比值即称为电容，有

$$C = \frac{q}{u} \tag{2.12}$$

电容 C 的单位为法[拉]（F）。由于法的单位太大，使用中常采用微法（μF）或皮法（pF）。由式（2.12）可画出一条电荷 q 与电压 u 之间的函数关系曲线（电容的库伏特性）。当 q 与 u 的比值是一个大于零的常数时，其库伏特性是一条通过坐标原点的直线，如图 2.6（a）所示，则该电容称为线性电容；否则为非线性电容。

当电容元件两端的电压随时间变化时，极板上储存的电荷就随之变化，与极板连接的导线中就有电流。若 u 与 i 的参考方向如图 2.6（b）所示，则

$$i = \frac{\mathrm{d}q}{\mathrm{d}t} = C\frac{\mathrm{d}u}{\mathrm{d}t} \tag{2.13}$$

上式表明，线性电容的电流 i 与端电压 u 对时间的变化律 $\dfrac{\mathrm{d}u}{\mathrm{d}t}$ 成正比。对于直流电压，电容的电流为零，故电容元件对直流来说相当于开路。在电压电流关联参考方向下，电容元件吸收的电功率为

$$p = ui = Cu\frac{\mathrm{d}u}{\mathrm{d}t} \tag{2.14}$$

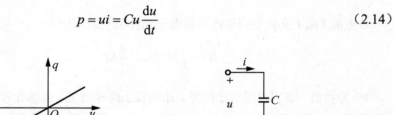

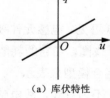

（a）库伏特性

（b）符号

图 2.6 电容元件

若电压 u 由零增加到 U 值，则电容元件吸收的电能为

$$W = \int_0^U Cudu = \frac{1}{2}CU^2 \qquad (2.15)$$

若电压 u 由 U 值减小到零值，则电容元件吸收的电能为

$$W' = \int_U^0 Cudu = -\frac{1}{2}CU^2 \qquad (2.16)$$

W' 为负值，表明电容放出能量。比较式（2.15）和式（2.16），可以看出电容元件吸收的电能与放出的电能相等，故电容元件不是耗能元件，而是储能元件。

对实际电容器，当其介质损耗不能忽略时，可用一个电阻元件与电容元件的并联组合模型来表示。

4. 独立电源

能为电路提供电能的元件称为有源电路元件。有源电路元件分为独立电源元件和受控电源元件两大类。独立电源元件（简称独立电源）能独立地给电路提供电压和电流，而不受其他支路的电压或电流的支配。独立电源元件即理想电源元件，是从实际电源中抽象出来的。当实际电源本身的功率损耗可以忽略不计，而只起产生电能的作用时，这种电源便可用一个理想电源元件来表示。理想电源元件分理想电压源和理想电流源两种。

1）理想电压源

理想电压源具有以下两个基本性质。

（1）它的端电压总保持一恒定值 U_s 或为某确定的时间函数 $u_s(t)$，而与流过它的电流无关，所以也称为恒压源。

（2）它的电流由与它连接的外电路决定。电流可以从不同的方向流过恒压源，因而电压源既可向外电路输出能量，又可以从外电路吸收能量。

理想电压源的图形符号如图 2.7（a）所示，上面标明了其电压、电流的正方向。图 2.7（b）常用来表示直流理想电压源（如理想电池），其伏安特性如图 2.7（c）所示，为平行于 i 轴且纵坐标为 U_s 的直线。伏安特性也表明了理想电压源的端电压与通过它的电流无关。

2）理想电流源

理想电流源具有以下两个基本性质：

（1）它输出的电流总保持一恒定值 I_s 或为某确定的时间函数 $i_s(t)$，而与它两端的电压无关，所以也称为恒流源。

（2）它两端的电压由与它连接的外电路决定。其端电压可以有不同的方向，因而电流源既可向外电路输出能量，又可以从外电路吸收能量。

理想电流源的图形符号如图 2.8（a）所示，上面标明了其电压、电流的正方向。其伏安特性如图 2.8（b）所示，为平行于 u 轴的直线。伏安特性也表明了理想电流源的电流与它的端电压无关。

无论是理想电压源还是理想电流源都有两种工作状态。当它们的电压和电流的实际方向与图 2.7（a）和图 2.8（a）所示电路中规定的参考方向相同时，它们输出（产生）电功率，起电源的作用；否则，它们取用（消耗）电功率，起负载的作用。

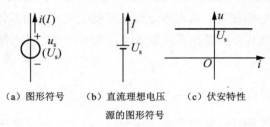

（a）图形符号　　（b）直流理想电压　　（c）伏安特性
源的图形符号

图 2.7　理想电压源

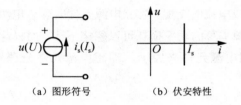

（a）图形符号　　　　　　（b）伏安特性

图 2.8　理想电流源

3）实际电源模型

一个实际的电源一般不具有理想电源的特性，例如蓄电池、发电机等电源不仅对负载产生电能，而且在能量转换过程中有功率损耗，即存在内阻，实际的电源可以通过图 2.9（a）所示电路测出其伏安特性（外特性）。如图 2.9（b）所示，其端电压随输出电流的增大而减小，是一条与 u、i 坐标轴相交的斜直线。实际电源的等效内阻用 R_s 表示。图 2.10（a）和图 2.10（b）所示的点画线框中分别为一理想电压源与一线性电阻的串联组合的支路和一理想电流源与一线性电阻的并联组合的支路，按图 2.10 所示电压电流的正方向，其外特性方程为

$$U = U_s - R_s I \tag{2.17}$$

$$I = I_s - \frac{U}{R_s} \tag{2.18}$$

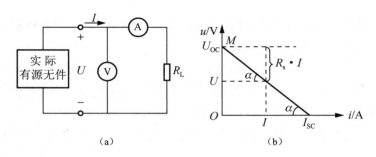

（a） （b）

图 2.9 实际电源

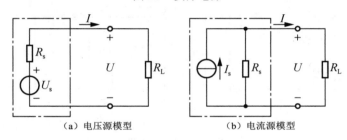

（a）电压源模型 （b）电流源模型

图 2.10 实际电源的电压源模型和电流源模型

所以，一个实际电源可用一理想电压源 U_s 与一线性电阻 R_s 的串联模型或一理想电流源 I_s 与一线性电阻 R_s 的并联模型等效代替。其中理想电压源 U_s 在数值上等于实际电源的开路电压 U_{OC}；理想电流源 I_s 在数值上等于实际电源的短路电流 I_{SC}；R_s 等于实际电源的等效内阻。以上两种电路模型分别简称为实际电源的电压源模型和电流源模型。

（4）两种电源模型的等效互换

一个实际电源可以用两种模型来等效代替，这两种模型之间一定存在等效互换的关系。互换的条件可由式（2.17）和式（2.18）比较得出，有

$$U_s = R_s I_s \quad \text{或} \quad I_s = \frac{U_s}{R_s} \tag{2.19}$$

这里需要注意以下几个问题。

1）电压源模型和电流源模型的等效互换只是对外电路而言。就是说，两种电源模型分别连接任一相同的外电路，对外电路产生的效果完全一样。一般来说，两种电源模型内部并不等效。

2）理想电压源与理想电流源之间不存在等效变换关系。这是因为对理想电压源（$R_s = 0$）来说，其短路电流 I_s 为无穷大，对理想电流源（$R_s = \infty$）来说，其开路电压 U_s 为无穷大，都不能得到有限的数值，故两者之间不存在等效变换的条件。

3）任何一理想电压源和电阻相串联的支路都可与一理想电流源和电阻相并联的支

路相互等效变换。所以采用两种电源模型的等效互换的方法，可以将较复杂的电路化简为简单电路，给电路分析带来方便。

【例 2.1】一实际电源给负载 R_L 供电，已知电源的开路电压 $U_{oc}=4V$，内阻 $R_s=1\Omega$，负载 $R_L=3\Omega$。试画出电源的两种等效模型，并计算负载 R_L 分别接两种模型时的电流、电压和消耗的功率以及电源产生和内部消耗的功率。

解：（1）实际电源的两种等效模型分别如图 2.11（a）和图 2.11（b）的点画线框中部分所示。

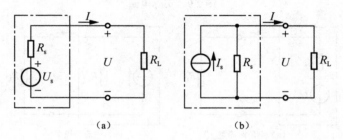

（a） （b）

图 2.11 例 2.1 的图

$$U_s=U_{oc}=4V,\ R_s=1\Omega,\ I_s=I_{SC}=\frac{U_s}{R_s}=4A$$

（2） 在设定的电压、电流参考方向下，图 2.11（a）中，负载电流为

$$I=\frac{U_s}{R_s+R_L}=\frac{4}{1+3}=1(A)$$

负载电压为 $\qquad U=IR_L=1\times3=3(V)$

负载消耗的功率为 $\qquad P_{R_L}=UI=3\times1=3(W)$

电压源产生的功率为 $\qquad P_{U_s}=U_sI=4\times1=4(W)$

电源内部消耗的功率为 $\qquad P_{R_s}=R_sI^2=1\times1=1(W)$

图 2.11（b）中，负载电流为 $\qquad I=I_s\times\frac{R_s}{R_s+R_L}=4\times\frac{1}{1+3}=1(A)$

负载电压为 $\qquad U=IR_L=1\times3=3(V)$

负载消耗的功率为 $\qquad P_{R_L}=I^2R_L=3\times1=3(W)$

电流源产生的功率为 $\qquad P_{I_s}=I_sU=4\times3=12(W)$

电源内部消耗的功率为
$$P_{R_s} = \frac{U^2}{R_s} = \frac{3^2}{1} = 9(\text{W})$$

由此例题的计算结果可以看出，同一实际电源的两种模型向负载提供的电压、电流和功率都相等，但其内部产生的功率和损耗不同。因此，两种模型对外电路的作用是等效的，内部不等效。

5. 受控电源

受控电源元件（简称受控电源）与独立源不同，它向电路提供的电压和电流，是受其他支路的电压或电流控制的。受控源原本是从电子器件抽象出来的。受控源与独立源在电路中的作用是完全不同的。独立源作为电路的输入，代表着外界对电路的作用；而受控源是用来表示在电子器件中所发生的物理现象，它反映了电路中某处的电压或电流能控制另一处的电压或电流的关系。

只要电路中有一个支路的电压（或电流）受另一个支路的电压或电流的控制，这两个支路就构成一个受控源。因此，可把一受控源看成一种四端元件，其输入端口为控制支路的端口，输出端口为受控支路的端口。受控源的控制支路的控制量可以是电压或电流，受控支路中只有一个依赖于控制量的电压源或电流源（受控量）。根据控制量和受控量的不同组合，受控源可分为电压控制电压源（VCVS）、电压控制电流源（VCCS）、电流控制电压源（CCVS）和电流控制电流源（CCCS）四种类型。四种类型的理想受控源模型如图 2.12 所示。

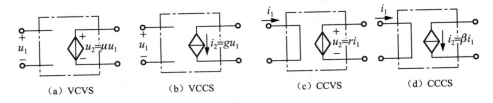

（a）VCVS　　　（b）VCCS　　　（c）CCVS　　　（d）CCCS

图 2.12　受控源模型

受控源的受控量与控制量之比称为受控源的参数。图 2.12 中 μ、r、g、β 分别为四种受控源的参数。其中，VCVS 中，$\mu = \frac{u_2}{u_1}$ 称为电压放大倍数；VCCS 中，$g = \frac{i_2}{u_1}$ 称为转移电导；CCVS 中，$r = \frac{u_2}{i_1}$ 称为转移电阻；CCCS 中，$\beta = \frac{i_2}{i_1}$ 称为电流放大倍数。当它们为常数时，该受控源称为线性受控源。

2.1.3 电路的基本物理量

无论是电能的转换和传输，还是信号的传递与处理，都需要通过电流、电压和电动势来实现，因此在分析与计算电路之前，我们首先要讨论电路的几个基本物理量。

1. 电流及其参考方向

电荷的定向移动形成电流。电流的大小用电流强度表示，单位时间内通过某一导体横截面的电荷量叫作电流强度，简称电流。如果在无限短的时间 $\mathrm{d}t$ 内，通过导体横截面的微小电荷量为 $\mathrm{d}q$，则电流为

$$i = \frac{\mathrm{d}q}{\mathrm{d}t} \tag{2.20}$$

上式表示，电流 i 是电荷 q 对时间的变化率；$\mathrm{d}q$ 为微小电荷量。在国际单位制中，电流的单位为安（A），$1\mathrm{A} = 10^3\mathrm{mA} = 10^6\mu\mathrm{A}$。

通常规定正电荷定向移动的方向或负电荷定向移动的反方向为电流实际方向，即电流方向。在分析复杂电路时，电流实际方向往往难以判断，为了分析问题方便，我们通常引入参考方向的概念，即我们可以任意选择一个方向作为参考方向，当实际电流方向与参考方向一致时，如图 2.13（a）所示，其电流为正；反之，如图 2.13（b）所示，则电流为负。

（a）电流参考方向与实际方向相同　　　（b）电流参考方向与实际方向相反

图 2.13　电流的参考方向

电流参考方向是任意指定的，只有在规定参考方向的前提下，电路中的电流才有正负之分，所以它是一个代数量。有了电流参考方向，在分析电路时，就可从计算结果的正负来确定电流实际方向。

2. 电压及其参考方向

电压是指电路中单位正电荷处在两点时所携带的能量之差，即

$$U = \frac{\mathrm{d}w}{\mathrm{d}q} \tag{2.21}$$

式中，dw 为 dq 电荷从一点 a 移动到另一点 b 所释放的能量。在国际单位制中，能量单位是焦[耳]（J），电压单位是伏[特]（V）。

电路中两点间电压的实际方向是由高电位点指向低电位点，即电位降低的方向。在分析电路时，与电流相类似，也要先为电压选定参考方向。电压参考方向也是任意指定的，可以用箭头、双下标或正（+）、负（−）极性表示，如图 2.14 所示。

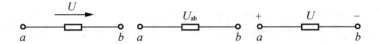

图 2.14 电压参考方向的表示方法

在电路分析中，当电压参考方向与其实际方向一致时，如图 2.15（a）所示，其电压为正值；反之，当电压参考方向与其实际方向相反时，如图 2.15（b）所示，则电压为负值。在选定电压参考方向之后，就可根据电压值计算结果的正负来判断电压实际方向。

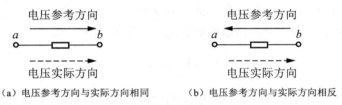

（a）电压参考方向与实际方向相同　　　　（b）电压参考方向与实际方向相反

图 2.15 电压的参考方向和实际方向

电流与电压都有大小和方向，但它们都是标量，不是矢量，因为它们的方向并不是指在空间上有一定方向，而是沿着电路或元件的走向。电流与电压参考方向的设定是分析电路的一个必要环节。对一个电路元件，其电流与电压取相同参考方向时，称为关联参考方向，如图 2.16（a）所示；反之，称为非关联参考方向，如图 2.16（b）所示。

（a）关联参考方向　　　　（b）非关联参考方向

图 2.16 电压与电流关联参考方向

在电路分析和计算时，还会出现电动势和电位两个物理量。电动势是度量电源内非静电力做功能力的物理量，在数值上等于非静电力把单位正电荷自电源内部从负极移到正极所做的功，用 E 来表示，电动势的正方向与电压的正方向相反。

所谓电位是电路中某点相对于参考点的电压，因此电位是一个相对物理量，它的大小和极性与所选取的参考点有关。参考点选取是任意的，但通常规定参考点电位为零，故参考点又叫作零电位点。习惯上，我们通常取大地为零电位点，用⊥表示。

3. 电功率和电能

电路是传输和转换能量的装置。在电路工作时，总是伴随着电能与其他形式能量的转换，各种电气设备、元件上的电流、电压和功率都有一定的限制，超出容许值可能会损坏。所以分析电路时要计算电路中各元件的功率。

单位时间内电场力所做的功称为电功率，简称功率，用字母 p 表示，即

$$p = \frac{\mathrm{d}w}{\mathrm{d}t} = \frac{\mathrm{d}w}{\mathrm{d}q}\frac{\mathrm{d}q}{\mathrm{d}t} = ui \tag{2.22}$$

式中，u 和 i 分别表示任一时刻电压和电流瞬时值。电功率是表征电路中能量转换速率的物理量，对某一段电路或一个元件，当电压 u 与电流 i 取关联参考方向时，则 u 和 i 的乘积 p 就是此时刻该段电路或元件的功率，若 p 值为正，表示该元件吸收电能，为负载；若 p 值为负，表示该元件提供电能，为电源。

电能是电路在一段时间内转换的能量之和，用 W 表示，即

$$W = \int_{t_1}^{t_2} p(t)dt \tag{2.23}$$

在直流电路中，电压与电流均不随时间变化，有 $P = UI$，则在一段时间 t 内转换的电能为

$$W = Pt = UIt \tag{2.24}$$

式中，功率 P 的单位为瓦[特]（W）；t 的单位为秒（s）；W 的单位为焦[耳]（J）。电能的实际单位为千瓦时（kW·h）。

任务 2.2　基尔霍夫定律的验证

基尔霍夫定律是电路中电压和电流必须遵循的基本定律，是分析电路的依据，它由电流定律和电压定律组成。为了表述电路的基尔霍夫定律，我们先介绍几个电路中常用的名词术语。

支路：是指电路中没有分支的一段电路，如图 2.17 所示电路中的 ab、acb、adb。同一支路上的各元件流过相同的电流。

节点：是指电路中三条或三条以上支路的汇集点或连接点，如图 2.17 所示电路中共有两个节点，即 a 和 b 点。

回路：是指电路中由一条或多条支路所组成的闭合电路，如图 2.17 所示电路中共有三条回路，即 $adbca$、$adba$ 和 $abca$。

网孔：是指回路中不含有支路的回路，如图 2.17 所示电路中的回路 $adba$ 和回路 $abca$。

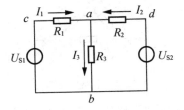

图 2.17　基尔霍夫电流定律

2.2.1　基尔霍夫电流定律

基尔霍夫电流定律（KCL）是用以描述电路中通过某一节点各支路电流之间关系的定律，表述为在某一任意时刻，通过电路中任一节点的各支路电流的代数和等于零，即

$$\sum I = 0 \qquad (2.25)$$

上式中根据电流参考方向，一般规定流入节点的电流为正，流出节点的电流为负。在图 1.22 所示电路中，对节点 a 应用 KCL，有

$$I_1 + I_2 - I_3 = 0$$

上式可写为

$$I_1 + I_2 = I_3$$

此式表明，流入节点 a 的支路电流等于流出节点 a 的支路电流。因此 KCL 也可理解为，任意时刻，在电路中流入某一节点的电流之和等于从该节点流出的电流之和。

基尔霍夫电流定律不仅适用于电路中任一节点，还可以推广应用于电路中任一假设的闭合面。例如，图 2.18 所示的闭合面包围的是一个三角形电路，对其三个节点应用 KCL，有下列方程：

$$I_1 = I_4 - I_6$$

$$I_2 = I_5 - I_4$$

$$I_3 = I_6 - I_5$$

上述三式相加得

$$I_1 + I_2 + I_3 = 0$$

由于此闭合面具有与节点相同的性质，因此称此闭合面为广义节点。

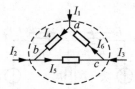

图 2.18　电路广义节点

【**例 2.2**】在图 2.18 所示的部分电路中，若已知 $I_1 = 3A$，$I_4 = -5A$，$I_5 = 8A$，试求电流 I_2、I_3 和 I_6。

解：根据图中标出的电流参考方向，应用基尔霍夫电流定律，分别对节点 a、b、c 列出 KCL 方程得：

$$I_6 = I_4 - I_1 = (-5 - 3)A = -8A$$

$$I_2 = I_5 - I_4 = [8 - (-5)]A = 13A$$

$$I_3 = I_6 - I_5 = (-8 - 8)A = -16A$$

求得 I_2 后，I_3 也可以通过广义节点求得，其结果相同，即

$$I_3 = -I_1 - I_2 = (-3 - 13)A = -16A$$

2.2.2　基尔霍夫电压定律

基尔霍夫电压定律（KVL）是用以描述电路中闭合回路各支路电压之间关系的定律，表述为在某一任意时刻，在电路中沿任一闭合回路的各支路电压的代数和等于零，即

$$\sum U = 0 \qquad\qquad (2.26)$$

上式中根据电压参考方向，一般规定电位下降为正，电位上升为负。在图 2.19 所示的电路中，从 a 点出发，沿回路 I 以顺时针方向绕行一周。因为电阻 R_3 上电流 I_3 的参考方向与回路的绕行方向一致，所以从 a 点到 b 点电位下降为 $R_3 I_3$；因为电源电压 U_{S1} 的参考方向逆回路方向，电动势参考方向沿回路方向，从"–"极指向"+"极，所以从 b

点到 c 点电位升高为 U_{S1}；从 c 点到 a 点电位下降为 $R_1 I_1$。根据基尔霍夫电压定律，回路 I 的回路电压方程为

$$R_1 I_1 + R_3 I_3 - U_{S1} = 0$$

同理可得回路 II 的回路电压方程为

$$U_{S2} - R_2 I_2 - R_3 I_3 = 0$$

上述回路 I 和回路 II 的电压方程还可以写成

$$U_{S1} = R_1 I_1 + R_3 I_3$$

$$U_{S2} = R_2 I_2 + R_3 I_3$$

因此 KVL 也可表示为，以顺时针方向或逆时针方向沿回路绕行一周，回路中电位升之和等于电位降之和。

基尔霍夫电压定律不仅适用于电路中任一闭合回路，还可以推广应用于电路中任一假设闭合的一段电路。例如在图 2.20 所示的电路中，如果将 AB 两点间的电压作为电阻电压降一样考虑，按照图中选取的绕行方向可看成回路 II，根据基尔霍夫电压定律可写出回路电压方程为

$$U_{AB} - U_{S2} + R_2 I_2 = 0$$

或

$$U_{AB} + R_2 I_2 = U_{S2}$$

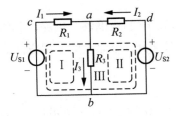

图 2.19　基尔霍夫电压定律

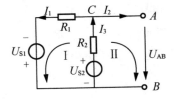

图 2.20　电路广义回路

【例 2.3】已知图 2.20 所示电路中，$R_1 = 10\Omega$，$R_2 = 20\Omega$，$U_{S1} = 6V$，$U_{S2} = 6V$，试求 U_{AB}。

解：对节点 C，根据 KCL 列电流方程为

$$-I_1 - I_2 + I_3 = 0$$

因为 AB 端开路，故 $I_2 = 0$，则 $I_1 = I_3$。

对回路 I 列出 KVL 方程为

$$R_2 I_3 + R_1 I_1 - U_{S1} - U_{S2} = 0$$

即

$$I_1 = I_3 = \frac{U_{S1} + U_{S2}}{R_1 + R_2} = \frac{6+6}{10+20}A = 0.4A$$

对回路 II 列出 KVL 方程为

$$U_{AB} - U_{S2} + R_2 I_3 = 0$$

则

$$U_{AB} = U_{S2} - R_2 I_3 = 6V - 20 \times 0.4V = -2V$$

实践活动：基尔霍夫定律的验证

1. 实训目的

1）通过实验验证基尔霍夫定律的正确性，加深对其的理解。
2）熟悉直流稳压电源、电压表、电流表的使用方法。

2. 实训器材

1）可调直流稳压电源（0～30V），1 台（DG04）。
2）可调直流恒流源（0～500mA），1 台（DG04）。
3）直流数字电压表（0～200V），1 只（D31）。
4）直流数字毫安表（0～200mA），1 只（D31）。
5）基尔霍夫定律实验电路板，1 块（DG05）。

3. 实训内容及步骤

实验线路如图 2.21 所示。按图连接电路，其中 I_1、I_2、I_3 是电流插孔。先断开电路

调节稳压电源，使 E_1=6V，E_2=12V（E_1 为+6V、+12V 切换电源，把 E_1 切换到 6V；E_2 为 0～+30V 可调电源，调节到 E_2=12V）。

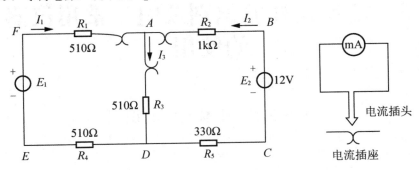

图 2.21　基尔霍夫定律线路图

1）基尔霍夫电流定律实验。

测试前先任意设定三条支路的电流参考方向，如图 1.23 中的 I_1、I_2、I_3 所示。熟悉线路结构，掌握各开关的操作使用方法。

用毫安表分别测量电流 I_1、I_2、I_3，测量时以 B 点为测量节点。电流表可通过电流插头插入各支路的电流插座中，即可测量该支路的电流。若电流表指针反偏，说明极性相反，应将正负极对调后再重新读数。测量数据记入表 2.1 中。

表 2.1　测量数据记录表

被测量	I_1/mA	I_2/mA	I_3/mA	U_{AB}/V	U_{BC}/V	U_{CD}/V	U_{DE}/V	U_{EF}/V	U_{FA}/V
计 算 值									
测 量 值									
相对误差									

2）基尔霍夫电压定律实验。

用直流电压表或万用表测量电压 U_{AB}、U_{BC}、U_{CD}、U_{DE}、U_{EF}、U_{FA} 的值。注意，万用表的黑表笔应放在低电位点，若指针反偏，说明极性相反。测量数据记入表 2.1 中。

注意事项

1. 用电流插头测量各支路电流，或者用电压表测量电压降时，应注意仪表的极性，并应正确判断测得值的+、−号。

2. 注意仪表量程的及时更换。

项目 3 基本元件的识别及电工常用仪器仪表的使用

任务 3.1 基本元件的识别

3.1.1 电阻的识别与测量

1. 电阻的分类

（1）固定电阻器。这类电阻器的阻值不变，一般有薄膜电阻器、线绕电阻器，图 3.1 所示是常见固定电阻器实物。

（2）可变电阻器。这类电阻器的阻值可在一定的范围内变化，具有三个引出端，常称为电位器。

（3）敏感电阻器。这类电阻器的阻值对温度、电压、光通、机械力、湿度及气体浓度等表现敏感，根据对应的表现敏感的物理量不同，可分为热敏、压敏、光敏、力敏、湿敏及气敏等主要类型。敏感电阻器所用的电阻器材料几乎都是半导体材料，所以又称为半导体电阻器。

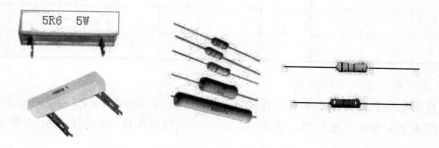

图 3.1　固定电阻器实物

2. 电阻器的主要指标

电阻器的主要指标有标称阻值、允许误差、额定功率，一般都用数字或色环标注在表面。

（1）电阻器色环标示方法

电阻器色环标示法是把电阻器的主要参数用不同颜色直接标示在产品上的一种方

法。采用色环标注电阻器，颜色醒目，标示清晰，不易褪色，从各方位都能看清阻值和误差，有利于电子设备的装配、调试和检修，因此国际上广泛采用色环标示法。表 3.1 列出了固定电阻器的色标符号及其意义。

表 3.1　固定电阻器的色标符号及其意义

色环颜色	有效数字	倍乘	允许误差	色环颜色	有效数字	倍乘	允许误差
银	—	10^{-2}	±10%	绿	5	10^5	±0.5%
金	—	10^{-1}	±5%	蓝	6	10^6	±0.2%
黑	0	10^0	—	紫	7	10^7	±0.1%
棕	1	10^1	±1%	灰	8	10^8	—
红	2	10^2	±2%	白	9	10^9	±5%、±20%
橙	3	10^3	—	无标识	—	—	±20%
黄	4	10^4	—				

色环电阻的色环是按从左至右的顺序依次排列的，最左边为第一环。一般电阻器有四色环，第一、第二色环代表电阻器的第一、二位有效数字，第三色环代表倍乘，第四色环代表允许误差。例如阻值是 36000Ω、允许误差为±5%的电阻器，其色环标示如图 3.2（a）所示。精密电阻器用三位有效数字表示，所以它一般有五环。例如阻值为 1.87kΩ、允许误差为±1%的精密电阻器，其色环如图 3.2（b）所示。

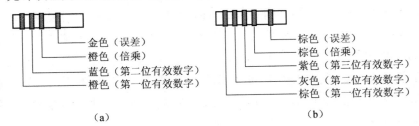

（a）　　　　　　　　　　　　　　　　　（b）

图 3.2　电阻器色环标示

色环电阻是于各种电子设备应用最多的电阻类型，无论怎样安装，维修者都能方便的读出其阻值，便于检测和更换。但在实践中发现，有些色环电阻的排列顺序不甚分明，往往容易读错，在识别时，可运用如下技巧加以判断。

技巧 1：先找标志误差的色环，从而排定色环顺序。最常用的表示电阻误差的颜色是金、银、棕，尤其是金环和银环，一般绝少用做电阻色环的第一环，所以在电阻上只要有金环和银环，就可以基本认定这是色环电阻的最末一环。

技巧 2：棕色环是否是误差标志的判别。棕色环既常用做误差环，又常作为有效数字环，且常常在第一环和最末一环中同时出现，使人很难识别谁是第一环。在实践中，可以按照色环之间的间隔加以判别：如对于一个五道色环的电阻而言，第五环和第四环之间的间隔比第一环和第二环之间的间隔要宽一些，据此可判定色环的排列顺序。

技巧3：在仅靠色环间距还无法判定色环顺序的情况下，可以利用电阻的生产序列值来加以判别。如有一个电阻的色环读序是棕、黑、黑、黄、棕，其值为100×10000=1MΩ，误差为1%，属于正常的电阻系列值；若是反顺序读为棕、黄、黑、黑、棕，其值为140×1Ω=140Ω，误差为1%。显然按照后一种排序所读出的电阻值，在电阻的生产系列中是没有的，故后一种色环顺序是不对的。

（2）电阻器选用

电阻器应根据其规格、性能指标以及在电路中的作用和技术要求来选用。具体原则是：电阻器的标称阻值与电路的要求相符；额定功率要比电阻器在电路中实际消耗的功率大1.5～2倍；允许误差应在要求的范围之内。

（3）检测电阻器

电阻器的检测一般分两步完成：

1）观察外表，电阻器应标志清晰，保护层完好，帽盖与电阻体结合紧密，无断裂和烧焦现象。电位器应转动灵活，手感接触均匀；若带有开关，应听到开关接通时清脆的"吧嗒"声。

2）检测电阻器标称值，先将万用表的功能转换开关置"Ω"挡，量程转换开关置合适挡。将两根测试笔短接，表头指针应在刻度线零点，若不在零点，则要调节"Ω"旋钮（零欧姆调整电位器）回零。调回零后，即可将被测电阻串接于两根表笔之间，此时表头指针偏转，待稳定后可从刻度线上直接读出所示数值，再乘以事先所选择的量程，即可得到被测电阻的阻值。当另换一量程时，必须再次短接两测试笔，重新调零。要注意的是，在测电阻时，不能用双手同时捏电阻或测试笔，若这样的话，人体电阻将与被测电阻并联，表头上的指示值就不单纯是被测电阻的阻值了。当测量精度要求较高时，采用电阻电桥来测电阻。

电阻器使用时应注意以下几点：

1）焊接电阻时要快，长时间受热会使电阻变值或烧坏。

2）弯曲电阻引线时，弯折处离根部距离一般应大于5mm，以免引线脱落或电阻器两端金属帽松脱。

3）使用前应检测电阻的实际值，安装时电阻符号标志应向上，以便观察。

4）电阻器接在电路中使用时，其功耗和两端电压均不可超过它的额定值。

3.1.2 电容的选择与检测

1. 电容器的选择

电容器是一种储能元件，在电路中常用于耦合、滤波、旁路、调谐和能量转换等，也是电子电路中用量最大的电子器件之一。

选择电容器的基本依据是所要求的容量和耐压，所选电容的额定电压要高于电路的实际电压。实际选择时，在满足容量和耐压的基础上，可根据容量大小，按下述方法确定电容器类型。低频、低阻抗的耦合、旁路、退耦电路，以及电源滤波等电路，常可选用几微法以上大容量电容器，其中以电解电容器应用最广，选用这种大容量电容器时重点考虑其工作电压和环境温度，其他参数一般能满足要求。对于要求较高的电路，如长延时电路，可采用钽或铌为介质的优质电容器。小容量电容器是指容量在几微法以下乃至几皮法的电容器，多数用于频率较高的电路中。普通纸介电容器可满足一般电路的要求。但对于振荡电路、接收机的高频和中频变压器以及脉冲电路中决定时间因素的电容器，因要求稳定性好或要求介质损耗小，应选用薄膜、陶瓷甚至云母电容等。表 3.2 为几种常用电容器的结构和特点。

表 3.2 常用电容器的型号和特点

电容种类	型号	应用特点
纸介电容器	CZ	体积小，容量较大，因固有电感和损耗比较大，适用于低频电路
云母电容器	CY	介质损耗小，绝缘电阻高，但容量小，适合高频电路
陶瓷电容器	CC	体积小，耐热性好，损耗小，绝缘性电阻高，但容量小，适合于高频电路
薄膜电容器	CL、CB	介质常数较高，体积小，容量大，稳定性较好，适合作旁路电容
金属化纸介电容器	CJ	体积小，容量大，适合低频电路
铝电解电容器	CD	容量大，但漏电大，稳定性差，有正负极性，适用于电源滤波或低频电路

2. 电容器的检测

（1）电容器的质量检测

电容器的常见故障有漏电、断路、击穿短路和容量减小、变质失效及破损等，使用前应予以检查。电容器漏电检查一般采用如下方法：对于 5000pF 以上的电容器，用万用表电阻挡 $R \times 10\text{k}\Omega$ 量程，先使电容器放电（用一支表笔使电容器两极短路），再将两表笔分别接触电容器两极，表头指针应先向顺时针方向跳转一下，尔后慢慢逆向复原，退至 $R = \infty$ 处。若不能复原，表示电容器漏电，如测得电容器两端电阻为 0Ω，表示电容器已经短路。稳定后的阻值即为电容器漏电的电阻值，一般为几百兆欧至几千兆欧。阻值越大，电容器绝缘性能越好。

（2）电容器容量的判别

从外部感观判别电容器的好坏，是指损坏特征较明显的电容器，如爆裂、电解质渗出、引脚锈蚀等情况，可以直接观察到损坏特征。

电容器容量的判别也可以用万用表，对于 5000pF 以上的电容器，将万用表拨至最高电阻挡，表笔接触电容器两极，表头指针应先偏转，然后逐渐复原。将两表笔对调后再测量，表头指针又偏转，且偏转得更快，幅度更大，尔后又逐渐复原，这就是电容器充、放电的情况。电容器容量越大，表头指针偏转越大，复原速度越慢。若在最高电阻挡下表针都不偏转，说明电容器内部断路了。结合平时测量经验，可估算电容器的容量。

（3）电解电容器极性的判别

电解电容器正接时漏电小，反接时漏电大。据此，用万用表正、反两次测量其漏电阻值，漏电阻值大（即漏电小）的一次中，黑表笔所接触的是正极。

需要注意：给容量较大、电路工作电压较高的电解电容器放电时，尽量避免直接短路放电，因直接短路放电会产生很大的放电电流，产生的热量容易损坏电解电容器的极板和电极。应采用功率较大的电阻器，或借用电烙铁的电源插头（加热芯电阻）对准两引脚使电容放电。

3.1.3　电感的选择与检测

1. 电感的选择

电感器是用漆包线在绝缘骨架上绕制而成的一种能够存储磁场能量的电气元件，又称电感线圈。电感器在电路中有通直流阻交流、通低频阻高频的作用。电感器可分为固定电感器和可变电感器，带磁芯和不带磁芯的电感器，适用高频和低频的电感器。

选择电感器的主要参数是电感量、品质因数、分布电容和稳定性。一般电感量越大，抑制电流变化的能力越强；品质因数越高，线圈工作时损耗越小；根据线路工作电流选择电感器的额定电流时，一般应使工作电流小于电感器的额定电流。线圈是磁感应元件，它对周围电感性元件有影响。安装时一定要注意电感性元件间相互靠近的电感线圈其轴线互相垂直。

电感器的分布电容是线圈的匝间及层间绝缘介质形成的，工作频率越高，分布电容的作用越显著。电感器的参数受温度影响越小，其稳定性越高。

2. 电感的检测

为了判断电感线圈的好坏，可用万用表欧姆挡测其直流阻值，若阻值过大甚至为∞，则为线圈断线；若阻值很小，则为短路。不过，内部局部短路一般难以测出，也可以用电桥法、谐振回路法来测量。

任务 3.2 　电工常用仪器仪表的使用

3.2.1 　万用表的使用

万用表是检测电路、电气元件常用的电子仪表之一，又称万能表、三用表，基本功能是测量电阻、电流和电压。

万用表的类型很多，一般由表头、测量电路、转换开关三部分组成。转动转换开关可以选择不同的量程和需要检测的类别。

万用表根据读数方式不同可分为指针式万用表和数字式万用表，如图 3.3 所示。

（a）指针式万用表　　　　　　　　　　　　（b）数字式万用表

图 3.3 　万用表

1. 指针式万用表的使用

（1）指针式万用表简介

指针式万用表的外形如图 3.4 所示。

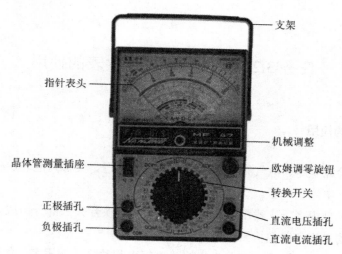

图 3.4　指针式万用表的外形

指针式万用表的表盘刻度线如图 3.5 所示。

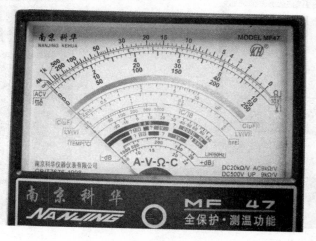

图 3.5　指针式万用表的表盘

表盘从上往下主要使用 6 条刻度线：第一条刻度线标有"Ω"，指示的是电阻值，转换开关在欧姆挡时，即读此条刻度线；第二刻度线标有"ACV"和"10V"，指示的是 10V 的交流电压值，当转换开关在交直流电压挡，量程在交流 10V 时，即读此条刻度线；第三条刻度线标有"mA"和"V"，指示的是交直流电流和交直流电压，当转换开关在交直流电流挡和交直流电压挡（量程在除交流 10V 以外的其他位置）时，即读此条刻度线；第四条刻度线标有"C（μF）"，指示的是电容值，当转换开关在电容挡时，即读此条刻度线；第五条刻度线标有"L（H）50Hz"，指示的是电感值，当转换开关在电感挡时，即读此条刻度线；第六条刻度线标有"dB"，指示的是音频电平，当转换开关在音频电平挡时，即读此条刻度线。

表头下方还设有机械调零旋钮，用以校正指针在左端"0"的位置。

万用表转换开关如图 3.6 所示。

转换开关可做 360 度旋转，其中标有"Ω"字样的为电阻挡。对应的量程为×1 Ω、×10 Ω、×100 Ω、×1k Ω、×10k Ω挡。当测直流电压时，将量程转换开关拨至"DCV"挡；当测交流电压时，将量程转换开关拨至"ACV～"挡。

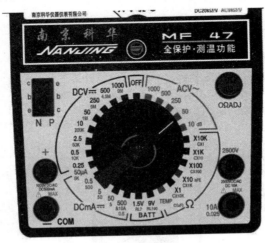

图 3.6　转换开关

转换开关的左下方标有"+""－"符号，分别是红、黑表笔的插孔。

（2）指针式万用表的使用方法

1）将万用表水平放置。

2）机械调零：检查指针是否指在"0"的位置，如果不在这个位置，可用螺钉旋具转动表盘下方的机械调零旋钮，使指针对准刻度盘左端"0"的位置上。

3）正确测量。

① 插好表笔：将测试用红、黑表笔分别插入"+""－"插座中；测量直流电时，红表笔接高电位，黑表笔接低电位。

② 选择正确的测量类别和量程。测量未知电压或电流时，应先选择最高量程，挡位应从最大逐步减小，并在不超过量程的情况下，尽量选择大量程挡，以减小测量误差。

注意：测量电阻时，应在测量前进行欧姆调零，即把两个表笔短接，同时调节面板上的欧姆调零旋钮，使指针指在电阻刻度线的零刻度处。

4）测量并读数。

注意事项：

1. 禁止用手接触表笔的金属部分，以保证人身安全和测量的准确度。

2. 不允许带电旋转转换开关，特别是在测量高电压和大电流时，以防止电弧烧毁开关触头。

3. 使用完万用表后，应将转换开关转换到交流电压最高挡。不要放在电阻挡上，以防两支表笔短接时，将内部干电池耗尽。

2. 数字式万用表的使用

（1）数字式万用表简介

数字式万用表的外形如图 3.7 所示。

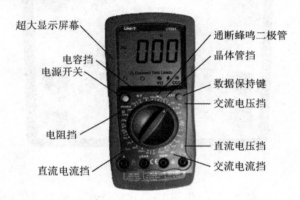

图 3.7 数字式万用表的外形

数字式万用表主要由液晶显示屏、电子线路、测量转换开关、表笔插孔等组成，与指针式万用表相比具有灵敏度高、准确度高、显示清晰、便于携带、读数迅速等优点。

（2）数字式万用表的使用方法

1）数字式万用表的使用方法与注意事项与指针式万用表基本相同。

2）测量电阻时，如果被测电阻值超出所选择量程的最大值，万用表将显示"1"，这时应选择更高的量程。

3）无法估计被测电压或者电流的大小时，则应先拨至最高量程挡测量一次，再视情况逐渐减小量程。

实践活动：电压、电位的测定

1. 实训目的

1）掌握电压的绝对性、电位的相对性。

2）学习电路中电位的测定方法。

2. 实训器材

1）万用表，1 只。

2）双输出稳压电源，1 台。

3）电压电位测量电路板，1 块。

3. 实训内容及步骤

1）电压、电位测量电路如图 3.8 所示，把双路稳压电源分别调到 6V 和 12V，并将 E_1=6V，E_2=12V 接入电路。

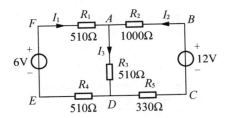

图 3.8 电压、电位实训电路图

2）在图 3.8 电路中，以 A 点为零电位参考点，将万用表的黑表笔固定在 A 点，红表笔分别放在 B、C、D、E、F 点，分别测出各点的电位（即与 A 点之间的电压。若指针反偏，则需交换表笔位置，其电位读数为负值），将所测数值填入表 3.3 中。

表 3.3 以 A 点为参考点时各点电位值

电位参考点	V 与 U	V_A	V_B	V_C	V_D	V_E	V_F	U_{AB}	U_{BC}	U_{CD}	U_{DE}	U_{EF}	U_{FA}
	计算值												
A	测量值												
	误差												

（3）再以 D 点为零电位参考点重复上述步骤，将所测数据填入表 3.4 中。

表 3.4 以 D 点为参考点时各点电位值

电位参考点	V 与 U	V_A	V_B	V_C	V_D	V_E	V_F	U_{AB}	U_{BC}	U_{CD}	U_{DE}	U_{EF}	U_{FA}
	计算值												
D	测量值												
	误差												

3.2.2 钳形电流表的使用

1. 钳形电表的一般原理

钳形电表用于需要不切断电路而测量电流、电压的场合。此种表由电流互感器、磁电系电流表、整流器和分流器组成。电流互感器铁心可以张合。被测电流导线为互感器的一次绕组，一次绕组与电流表及整流器相连。当一次侧有负载电流时，二次侧的感应电流经整流器进入电流表，使指针偏转。表的示值是考虑了整流器的影响和互感器的变化而进行刻度的，所以可直接从表示标尺上读出被测电流值。若在钳形电表线路中串联几个附加电阻，即可测量交流电压，不需用互感器部分。在表的正面或侧面设有电压插孔。图 3.9 所示为 T-302 型钳形表的线路原理图。

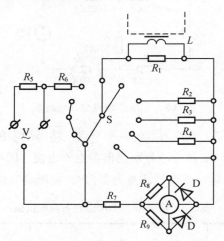

图 3.9　钳形表线路原理图（T-302）

2. 钳形电表的使用方法

1）被测载流导线应放在钳口的中央，以免发生误差。

2）测量前应先估计被测电流的大小，以选择合适的量限。或先用较大的量限测一次，然后根据被测电流的大小调整合适的量限。

3）钳口相接处应保持清洁，如有污垢应用汽油擦洗，使之平整、接触紧密、磁阻小，以保证测量准确。

4）在测量 5A 以下电流时，为得到较准确的读数，在条件许可时，可把导线向同一方向多绕几圈放进钳口进行测量。这时所测电流实际值应等于电流表读数除以放进钳口中的导线根数。

5）必须注意：被测量电路的电压，不许超过钳形表所规定的数值。被测电路电压较高时，应严格按有关规程规定进行测量，以防止接地或触电的危险。

6）测量后一定要把测量调节开关放在最大量限位置，以免下次使用时，由于未经选择量限而损坏仪表。

3.2.3　绝缘电阻表的使用

绝缘电阻表（又称为摇表、兆欧表）是测量高电阻的电工仪表，一般用来测量电机、电器和线路的绝缘电阻，它主要由直流高压电源部分、磁电系流比计和附加电阻组成。直流高压电源多由手摇发电机获得，也有用 220V 交流电经晶体管整流获得的，还有用干电池经晶体管线路转换而来的。

1. 绝缘电阻表的工作原理

绝缘电阻表测量电阻的原理图如图 3.10 所示。固定在同一轴上的两个线圈 A_Y、A_S，一个与附加电阻 R_V 串联，另一个经被测电阻 R_X 与附加电阻 R_I 串联。摇动发电机，两线圈中同时有电流通过，表计偏转角与两线圈电流的比值成正比，而电流的比值与被测电阻大小成正比。

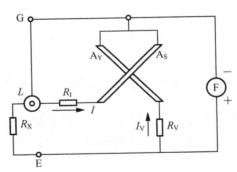

图 3.10　绝缘电阻表的结构原理图

F. 手摇发电机　A_Y、A_S. 流比计两线圈　R_I、R_V. 附加电阻　R_X. 待测电阻

绝缘电阻表有三个接线柱：一个是"L"（线路）接线柱，一个是"E"（接地）接线柱，另一个是"G"（屏蔽）接线柱。屏蔽接线柱的作用是消除表壳表面"L"、"E"接线柱的漏电和所测绝缘物表面漏电的影响。输出电压"E"端为正，"L"和"G"端为负。测量电力线路或照明线路的绝缘电阻时，"L"端接被测量线路，"E"端接地。测量电缆绝缘电阻时，为消除线芯绝缘层表面漏电所引起的测量误差，还要将"G"端接到电缆的绝缘纸上。测量电气设备的绝缘电阻时，必须先切断电源。绝缘电阻表的引线必须有良好的绝缘，两根引线不能绞在一起。

2. 绝缘电阻表的使用方法

1）绝缘电阻表的选择。根据被测试对象及工作电压选择绝缘电阻表的工作电压，举例见表3.5。

表3.5 绝缘电阻表选择举例

序号	被测试对象	被测试设备额定电压/kV	绝缘电阻表工作电压/V
1	一般电磁线圈	0.5 及以下 0.5 以上	500 1000
2	电机绕组、变压器绕组	0.5 及以下 0.5 以上	500～1000 1000～2500
3	低压电器	0.5 及以下	500～1000
4	高压电器	1.2 以上	2500
5	高压电瓷、母线		2500
6	低压线路	0.5 以下	500～1000
7	高压线路		2500

2）绝缘电阻测量前的准备。

① 测量前必须切断被测设备的电源，任何情况下都不允许带电测量。

② 切断电源后，还必须将带电体短接，对地放电。

③ 有可能感应出高电压的设备，在可能性没有消除以前，不可进行测量。

④ 被测物表面应擦拭干净，以消除设备表面放电带来的误差。

3）绝缘电阻表放置位置。

① 绝缘电阻表应放在平稳的地方，以免摇动手柄时晃动造成读数误差。

② 有水平调节装置的绝缘电阻表，应调整到合格位置。

③ 放置地点应远离大电流导体和有外磁场的场合。

4）绝缘电阻表本身的检查。摇动手摇发电机至额定转速（一般为 120r/min）或接上电源，绝缘电阻表指示应为"∞"；若将仪表两端短接，指针指示应为"0"（瞬间完成）。如不能达到这一要求，经调整无效者，说明绝缘电阻表已有故障。

5）绝缘电阻表的接线。

① 绝缘电阻表通常有 3 个接线柱，其名称和用途见表3.6。

表3.6 绝缘电阻表接线柱及用途

序号	名称	符号	用途
1	线路	L	与被测试物对地绝缘的导体相接
2	地	E	与被测试物外壳或另一导体相接
3	保护	G	与被测试物保护遮蔽环或其他不需测量部分相接

　　② 一般测量时，只用"L"和"E"两个接线柱，按表 1.10 接线即可，但当被测试物表面泄漏电流影响到绝缘电阻测量误差时，则应将"G"接线柱接上。图 3.11 所示是测量电缆绝缘电阻的原理接线图。图中，I_X 是从电缆导电芯线经绝缘层流向电缆金属外层的电流，其值大小与电缆绝缘电阻成正比，流经比率计。I_Y 为泄漏电流，不流经比率计。

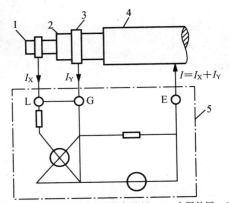

1. 电缆芯线导体　2. 绝缘层　3. 屏蔽保护层　4. 金属外层　5. 绝缘电阻表

图 3.11　测量电缆绝缘电阻接线图

　　③ 测量用导线必须各线分开，不能使用绞线。

　　6) 绝缘电阻的测量。

　　① 摇动手摇发电机，其转速应稳定，一般为 120r/min，其转速误差应在 ±20% 以内。

　　② 绝缘电阻值随加电压时间而变化，应读取加电压 1min 后的数值。

　　③ 绝缘电阻与环境因素有一定关系，为便于比较，应记录环境温度、湿度等。

　　7) 拆线。

　　① 仪表在带电情况下，不能拆除接线。

　　② 被测试设备有大电容时，必须在仪表断电后对地放电 1～3min，才能拆除接线。

3.2.4　接地电阻表的使用

1. 接地电阻表的接线

　　一般工作中经常使用接地电阻表测量各种接地装置的接地电阻，多使用 ZC-8 型接地电阻表（图 3.12）。

　　接地电阻表的接线如图 3.13 所示。

图 3.12　接地电阻表的外形

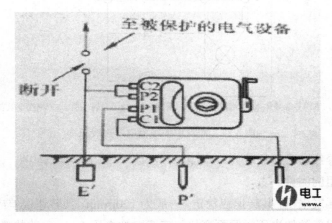

图 3.13　接地电阻表的接线

2. 接地电阻表的使用方法

1）在测量接地电阻时，将 C2、P2 两个接线柱用镀铬铜板短接，并接在随仪表配置的 5m 长纯铜导线，导线的另一端接在待测的接地体测试点上（E'）。

2）P1 柱接在随仪表配置的 200m 纯铜导线，导线另一端接插针 P'（电压极棒）。

3）C1 柱接在随仪表配置的 40m 纯铜导线，导线另一端接插针 C'（电流极棒）。

4）接地电阻表水平放置，距离待测接地体 1~3m。

5）两个接地极插针分别距离待测接地体 20m 和 40m，两插针与待测接地体在一条直线上。

6）如果以接地电阻表为圆心，两支插针与仪表之间的夹角小于 120°。

测量步骤如下：

1）测量前，应断开与被保护设备的连接线，探针应砸入地面 400mm 深，将接地电阻挡位旋钮旋在最大挡位（即 x 10 挡位），调整旋钮应放置在 6~7Ω 位置。

2）缓慢转动手柄，若检流表指针从中间的 0 平衡点迅速向右偏转，说明原量程挡位选择过大，可将挡位选择到 x1 挡位，如偏方向如前，可将挡位选择转到 0.1 挡位。

3）当检流表指针归 0 时，逐渐加快手柄转速，使手柄转速达到 120r/min，此时接地电阻表指示的电阻值乘以挡位的倍率，就是测量接地体的接地电阻值。

4）如果检流表指针缓慢向左偏转，说明调整旋钮所处的阻值小于实际接地阻值，可缓慢逆时针旋转，调大仪表电阻指示值。

5）如果缓慢转动手柄时检流表指针跳动不定，说明两支接地插针设置的地面土质不密实或有某个接头接触点接触不良，此时应重新检直两插针设置的地面或各接头。

6）用接地电阻表测量静压桩的接地电阻时，检流表指针在 0 点处有微小的左右摆动是正常的，当检流表指针缓慢移到 0 平衡点时，才能加快摇转仪表的摇把，摇把额定转速为 120r/min。

项目 4　直流电路的分析

任务 4.1　电路的等效

4.1.1　电路等效变换的概念

电路的等效变换就是把电路的一部分用结构不同但端子数和端子上 VCR 完全相同的另一部分来代替。替代后对余下部分来说，其作用效果完全相同，这两部分电路称为等效电路。互为等效 4.1 的两个电路对外部等效，即对端口等效，但对内不等效。所谓端口（port）是指这样一对端钮，流入其中一个端钮的电流总等于流出另一个端钮的电流。二端网络只有一个端口，故又称单口网络（one-port network）。

例如，若图 4.1 所示两个二端网络 N_1 和 N_2 的端口伏安关系完全相同，则 N_1 和 N_2 这两个二端网络就等效。在电路分析中若将 N_1 和 N_2 互换，则互换前后与它们连接的相同外电路中的电压、电流和功率分布不变。

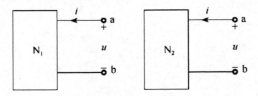

图 4.1　等效电路的概念

4.1.2　无源电阻电路的等效变换

电路分析中，仅由电阻构成的电路可以用等效变换的方法进行简化。按照这些电阻的连接方式，可以分为串联、并联、混联等。下面分别介绍它们的简化方法。

1. 电阻的串联

在电路中将两个或两个以上的电阻首尾依次相连，构成一个无分支的电路，这种连接方式叫作串联。三个电阻串联的电路如图 4.2 所示。

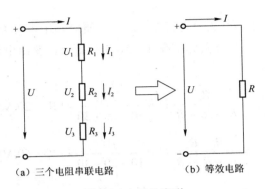

（a）三个电阻串联电路 （b）等效电路

图4.2 电阻的串联

（1）电阻串联电路的特点

1）电阻串联时流过每个电阻的电流都相等，即

$$I=I_1=I_2=I_3$$

2）电阻串联电路中，电路两端的总电压等于各个电阻两端电压之和，即

$$U=U_1+U_2+U_3$$

3）电阻串联电路的总电阻（等效电阻）等于各个电阻之和，即

$$R=R_1+R_2+R_3$$

4）电阻串联电路中各电阻上电压的分配与电阻的阻值成正比，即

$$\frac{U_n}{U}=\frac{IR_n}{IR}=\frac{R_n}{R}$$

$$U_n=\frac{R_n}{R}U \tag{4.1}$$

式（4.1）称为分压公式，其中$\frac{R_n}{R}$为分压比。两个电阻串联电路的分压公式为

$$U_1=\frac{R_1}{R_1+R_2}U \qquad\qquad U_2=\frac{R_2}{R_1+R_2}U \tag{4.2}$$

5）电阻串联电路中消耗的总功率等于各电阻消耗功率之和，即

$$P=P_1+P_2+P_3$$

（2）电阻串联电路的应用

1）采用几只电阻器串联来获得阻值较大的电阻器；

2）构成分压器。

【例4.1】 图4.3所示是一电阻分压器，已知电路两端电压 $U=120\text{V}$，$R_1=10\Omega$，

$R_2=20\Omega$，$R_3=30\Omega$。试求当开关分别在 1、2、3 位置时输出电压 U_o 的大小。

解：根据分压公式，当开关分别在 1、2、3 位置时，输出电压 U_{o1}、U_{o2}、U_{o3} 的大小分别是

$$U_{o1} = \frac{R_1}{R_1 + R_2 + R_3}U = \frac{10}{10 + 20 + 30} \times 120 = 20(V)$$

$$U_{o2} = \frac{R_1 + R_2}{R_1 + R_2 + R_3}U = \frac{10}{10 + 20 + 30} \times 120 = 60(V)$$

$$U_{o3} = U = 120V$$

【例 4.2】 现有一表头，满度电流 I_g 是 100μA（即表头允许通过的最大电流 100μA），表头等效电阻 r_g 为 1kΩ。若把它改装成量程为 15V 的电压表，如图 4.4 所示，问：应在表头上串联多大的分压电阻 R_f?

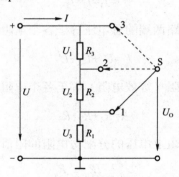

图 4.3 电阻分压电路

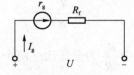

图 4.4 电压表

解：因为分压电阻 R_f 与表头电阻 r_g 串联，所以流过分压电阻的电流与表头电流相等，故有

$$I_g = \frac{U_f}{R_f} = \frac{U - I_g r_g}{R_f}$$

$$R_f = \frac{U - I_g r_g}{I_g} = \frac{15 - 100 \times 10^{-6} \times 10^3}{100 \times 10^{-6}} = 149(K\Omega)$$

2. 电阻的并联

在电路中，将两个或两个以上的电阻，并列连接在相同两点之间的连接方式叫作电阻的并联。三个电阻的并联电路如图 4.5 所示。

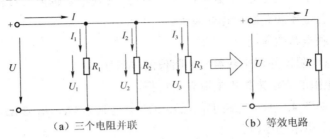

（a）三个电阻并联　　　　　　　　（b）等效电路

图 4.5　电阻并联电路

（1）电阻并联电路的特点

1）电阻并联时电路两端总电压与各电阻两端电压相等，即

$$U=U_1=U_2=U_3$$

2）电阻并联电路中的总电流等于流过各电阻电流之和，即

$$I=I_1+I_2+I_3$$

3）电阻并联电路的总电阻（即等效电阻）的倒数等于各电阻倒数之和，即

$$\frac{1}{R}=\frac{1}{R_1}+\frac{1}{R_2}+\frac{1}{R_3}$$

当两个电阻并联时，总电阻为

$$R=\frac{R_1R_2}{R_1+R_2}$$

4）电阻并联电路中，各电阻上分配的电流与其阻值成反比，即阻值越大的电阻所分配的电流越小，反之电流越大。

两个电阻并联时的分流公式为

$$I_1=\frac{R_2}{R_1+R_2}I\ \ I_2=\frac{R_1}{R_1+R_2}I \tag{4.3}$$

5）电阻并联电路中各电阻上消耗的功率与其阻值成反比，即

$$P_n=\frac{U^2}{R_n}$$

电路消耗的总功率等于相并联各电阻消耗功率之和，即

$$P = ui = \frac{u_2}{R_1} + \frac{u_2}{R_2} + \cdots + \frac{u_2}{R_n} \quad\quad (4.4)$$

一般负载都是并联使用的。负载并联使用时，它们处于同一电压之下，任何一个负载的工作情况基本上不受其他负载的影响。并联的负载电阻越多（负载增加），则总电阻越小，电路中总电流和总功率也就越大。

（2）电阻并联电路的应用

1）采用几只电阻器并联来获得较小阻值的电阻器。

2）用并联电阻的方法来扩大电流表的量程。

【例 4.3】 如图 4.6 所示电路中，已知电路中电流 $I=3A$，$R_1=30\Omega$，$R_2=60\Omega$。试求总电阻及流过每个电阻的电流。

解：两个电阻并联的总电阻为

$$R = \frac{R_1 R_2}{R_1 + R_2} = \frac{30 \times 60}{30 + 60} = 20(\Omega)$$

利用分流公式：

$$I_1 = \frac{R_2}{R_1 + R_2} I = \frac{60}{90} \times 3 = 2(A)$$

$$I_2 = \frac{R_1}{R_1 + R_2} I = \frac{30}{90} \times 3 = 1(A)$$

【例 4.4】 现有一表头，满度电流 I_g 是 100μA（即表头允许通过的最大电流是 100μA），表头等效电阻是 1kΩ。若把它改装成量程为 10mA 的电流表，如图 4.7 所示，问应在表头上并联多大的分流电阻 R_f？

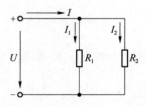

图 4.6 电流并联电路

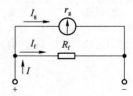

图 4.7 电流表

解：因为分流电阻与表头并联，所以分流电阻两端电压与表头两端电压相等，即

$$U_g = I_g r_g = (I - I_g)R_f$$

$$R_f = \frac{I_g}{I - I_g}Rf = \frac{100 \times 10^{-3}}{10 - 100 \times 10^{-3}} \times 10^3 \approx 10.1(\Omega)$$

3. 电阻的混联

在电路中，既有电阻串联又有电阻并联方式的电路，称为电阻混联电路，如图 4.8 所示。

在图 4.8（a）中，电阻 R_1、R_2 串联后与 R_3 并联，三只电阻混联后，等效电阻为

$$R = \frac{(R_1 + R_2)R_3}{R_1 + R_2 + R_3} = \frac{(2+4) \times 3}{2+4+3} = 2(\Omega)$$

在图 4.8（b）中，由于连接关系复杂一些，可采用画等效电路的方法，把电路改画成容易判别串、并联关系的电路，然后进行计算。图 4.8（b）的等效电路如图 4.8（c）所示，其等效电阻为

$$R_{134} = R_1 + \frac{R_3 R_4}{R_3 + R_4} = R_1 + \frac{R_3}{2} = 6(\Omega) \qquad R = R_{AB} = \frac{R_2 R_{134}}{R_2 + R_{134}} = \frac{R_2}{2} = \frac{6}{2} = 3(\Omega)$$

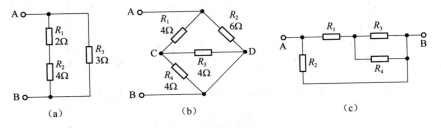

图 4.8　电阻混联电路

4.1.3　有源电路的等效变换

1. 电压源的串联

图 4.9（a）所示 n 个电压源的串联可用图 4.9（b）所示的单个电压源等效，等效条件为该等效电压源的电压满足

$$u_{seq} = u_{s1} + u_{s2} - u_{s3} + \cdots + u_{sn} = \sum_{k=1}^{n} u_{sk} \tag{4.5}$$

当图 4.9（a）中的电源 u_{sk} 的参考方向与图 4.9（b）中的 u_{seq} 的参考方向一致时，式（4.5）中 u_{sk} 前面取"+"号，不一致时取"−"号。

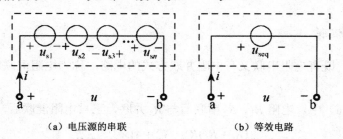

（a）电压源的串联　　　　　　（b）等效电路

图 4.9　电压源的串联及其等效电路

2. 电流源的串联

只有电流相等且参考方向一致的电流源才允许串联，否则将违反 KCL。n 个具有相同电流且方向一致的电流源串联电路，如图 4.10（a）所示，可以由其中任一电流源等效替代，如图 4.10（b）所示。

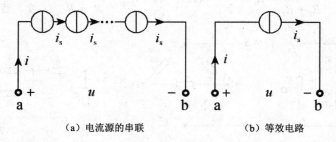

（a）电流源的串联　　　　　　（b）等效电路

图 4.10　电流源的串联及其等效电路

3. 电流源与电压源串联

电流源与电压源串联，如图 4.11（a）所示。由 KCL 知其端电流等于电流源的电流；由 KVL 知其端电压 u 可取任意值。因此，该串联电路可用其中串联的电流源等效替代，如图 4.11（b）所示。

将上述结论进一步推广得：电流源 i_s 与任意二端网络 N 串联（该二端网络可以是一电阻，也可以为其他复杂二端网络），其等效电路为电流源 i_s，如图 4.12 所示。

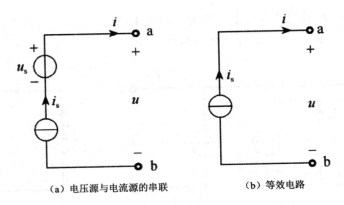

（a）电压源与电流源的串联   （b）等效电路

图 4.11   电流源与电压源串联及其等效电路

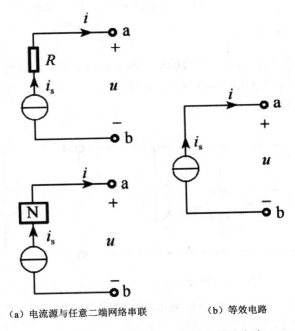

（a）电流源与任意二端网络串联   （b）等效电路

图 4.12   电流源与任意二端网络串联及其等效电路

4. 电流源的并联

图 4.13（a）所示，n 个电流源的并联可用图 4.13（b）所示的单个电流源等效，等效条件为该等效电流源的电流满足

$$i_{seq} = i_{s1} + i_{s2} - i_{s3} + \cdots + i_{sn} = \sum_{k=1}^{n} i_{sk} \tag{4.6}$$

当图 4.13（a）中的电流源 i_{sk} 的参考方向与图 4.13（b）中的 i_{seq} 的参考方向一致时，式（4.6）中 i_{sk} 前面取 "+" 号，不一致时取 "–" 号。

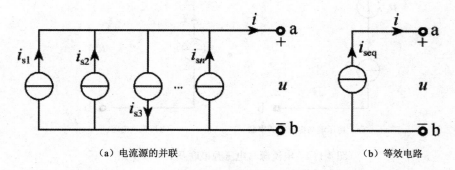

（a）电流源的并联   （b）等效电路

图 4.13　电流源的并联及其等效电路

5. 电压源的并联

只有电压相等且参考方向一致的电压源才允许并联，否则将违反 KVL。n 个具有相同电压且方向一致的电压源并联电路，如图 4.14（a）所示，可以由其中任一电压源等效替代，如图 4.14（b）所示。

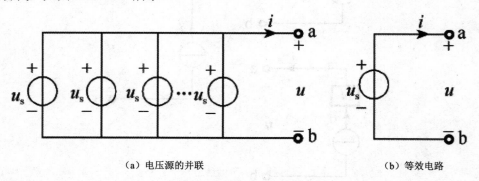

（a）电压源的并联   （b）等效电路

图 4.14　电压源的并联及其等效电路

6. 电压源与电流源并联

电压源与电流源并联，如图 4.15（a）所示。由 KVL 知其端电压等于电压源的电压；由 KCL 知其端电流 i 可取任意值。因此，该并联电路可用其中并联的电压源等效替代，如图 4.15（b）所示。

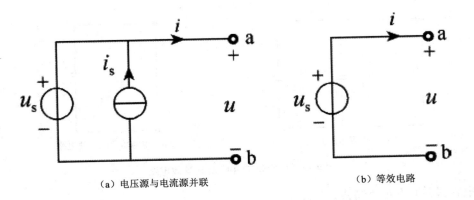

（a）电压源与电流源并联　　　　　　（b）等效电路

图 4.15　电压源与电流源并联及其等效电路

将上述结论进一步推广得：电压源 u_s 与任意二端网络 N 并联（该二端网络可以是一电阻，也可以为其他复杂二端网络），其等效电路为电压源 u_s，如图 4.16 所示。

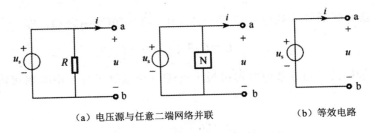

（a）电压源与任意二端网络并联　　　　　　（b）等效电路

图 4.16　电压源与任意二端网络并联

4.1.4　电容电路的等效变换

在电容器的实际应用中，往往会遇到电容器的电容量与耐压不符合要求的情况，我们可以将电容器做适当连接，以满足实际电路的需要。

1．电容器的并联

如图 4.17 所示，将若干个电容器接在相同的两点之间的连接方式称为电容器的并联。

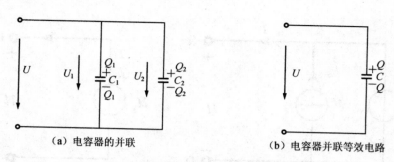

（a）电容器的并联 　　　　　　　（b）电容器并联等效电路

图 4.17　电容器的并联及其等效电路

电容器并联有如下特点：

1）电容器并联后每个电容器两端所承受的电压相等，并且等于所接电路的电压 U，即

$$U=U_1=U_2=\cdots=U_n$$

2）电容器并联后的等效电容 C 等于各个电容器的电容量之和，即

$$C=C_1+C_2+\cdots+C_n$$

3）电容器并联后的等效电容器极板上所带电荷量等于各个电容器极板上所带电荷量之和，即

$$Q=Q_1+Q_2+\cdots+Q_n$$

2. 电容器的串联

如图 4.18 所示，将若干电容器依次相连，中间无分支的连接方式称为电容器的串联。

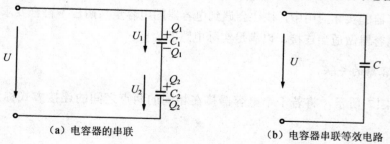

（a）电容器的串联 　　　　　　　（b）电容器串联等效电路

图 4.18　电容器的串联及其等效电路

电容器串联有如下特点：

1）电容器串联后总电压等于每个电容器两端承受的电压之和，即

$$U=U_1+U_2+\cdots+U_n$$

试验证明：串联电容器实际分配的电压与其电容量成反比。

2）电容器串联后的等效电容 C 的倒数等于各个电容器的电容量的倒数之和，即

$$\frac{1}{C}=\frac{1}{C_1}+\frac{1}{C_2}+\cdots+\frac{1}{C_n}$$

3）电容器串联后各个电容器极板上所带电荷量相等，而且等于等效电容器极板上所带电荷量，即

$$Q=Q_1=Q_2=\cdots=Q_n$$

如果两个电容器串联，则串联时的等效电容常用下式计算：

$$C=\frac{C_1C_2}{C_1+C_2}$$

任务 4.2　电路的基本分析方法和定理

4.2.1　支路电流法

支路电流法是一种最基本的电路分析方法。在介绍支路电流法之前，我们先介绍与支路电流法有关的几个概念。

1）独立节点：在含有 n 个节点的电路中，任意选取其中的（$n-1$）个节点都是独立节点。剩下的一个节点是非独立节点。

2）独立回路：至少含有一条没有被其他回路所包含的支路的回路叫作独立回路。

3）平面电路：凡是可以画在一个平面上而不使任何两条支路交叉的电路都是平面电路。平面电路的每一个网孔都是独立回路。

支路电流法是以支路电流为未知变量、直接应用基尔霍夫定律列方程求解的方法。由代数学可知，求解 b 个未知变量必须用 b 个独立方程式联立求解。因此，对具有 b 条支路、n 个节点的电路，用支路电流法分析时，须根据 KCL 列出（$n-1$）个独立的电流方程。根据 KVL 列出 $b-（n-1）$ 个独立的回路电压方程，最后解此 b 元方程组即可解得各支路电流。下面以一个例题具体说明解题步骤。

【例 4.5】试求图 4.19 所示电路中，各支路电流。

解： 1）确定支路数，标出各支路电流的参考方向。图 4.19 所示电路中有三条支路，即有三个待求支路电流。选择各支路电流的参考方向如图 4.19 所示。

2）确定独立节点数，列出独立的节点电流方程。图 4.19 所示电路中，有 A、B

两个节点，选节点 A 为独立节点。利用 KCL 列出独立节点电流方程如下。

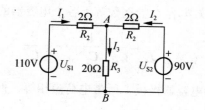

图 4.19　例 4.5 的图

节点 A:

$$I_1 + I_2 - I_3 = 0$$

3）根据 KVL 列出 $b-(n-1)$ 个独立回路电压方程式。本题有 3 条支路 2 个节点，需列出 $3-(2-1)=2$ 个独立的回路电压方程。选取两个网孔为独立回路，回路环行方向为顺时针方向，列写方程如下：

$$I_1 + 20I_3 = 110$$

$$-2I_2 - 20I_3 = -90$$

4）解联立方程式，求出各支路电流值。将以上三个方程联立求解，得

$$I_1 = 10\text{A}, \qquad I_2 = -5\text{A}, \qquad I_3 = 5\text{A}$$

4.2.2　节点电压法

当一个电路的支路数较多，而节点数较少时，采用节点电压法可以减少列写方程的个数，从而简化对电路的计算。

在电路中任选一节点为参考节点，即零电位点，其他节点与参考节点之间的电压称之为独立节点电压。节点电压法是以独立节点电压为未知量，根据基尔霍夫电流定律和欧姆定律列写方程来求解各节点电压，从而求解电路的方法。

节点电压的参考极性均以零参考节点处为负。在任一回路中，各节点电压满足 KVL，所以在节点电压法中不必再列出 KVL 方程。下面以图 4.20 为例推导用节点电压法解题的方法。

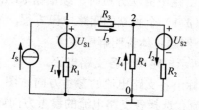

图 4.20　节点电压法图例

在图 4.20 中，节点数 $n=3$，选节点 0 为零参考节点，节点 1 和 2 的电压分别以 U_1 和 U_2 表示，各支路电流的参考方向如图中所示。根据 KCL 可列出两个独立节点电流方程如下。

节点 1：
$$I_1 + I_3 = I_s \tag{4.8}$$

节点 2：
$$I_2 = I_3 + I_4 \tag{4.9}$$

应用欧姆定律各支路电流为

$$\left.\begin{aligned}
I_1 &= \frac{1}{R_1}(U_1 - U_{S1}) = G_1(U_1 - U_{S1}) \\
I_2 &= \frac{1}{R_2}(U_2 - U_{S2}) = G_2(U_2 - U_{S2}) \\
I_3 &= \frac{1}{R_3}(U_1 - U_2) = G_3(U_1 - U_2) \\
I_4 &= \frac{1}{R_4}U_2 = -G_4 U_2
\end{aligned}\right\} \tag{4.10}$$

将式（4.10）代入式（4.8）和式（4.9）并整理后可得出求解电路的节点电压方程如下

$$\left.\begin{aligned}
(G_1 + G_3)U_1 - G_3 U_2 &= I_S + G_3 U_{S1} \\
-G_3 U_1 + (G_2 + G_3 + G_4)U_2 &= G_2 U_{S2}
\end{aligned}\right\} \tag{4.11}$$

解联立方程组，即可求出节点电压 U_1 和 U_2，并进而求出各支路电流、电压。为了掌握列写节点电压方程的一般规律，可将式（4.11）总结出以下普遍形式。

对节点 1：
$$G_{11}U_1 + G_{12}U_2 = I_{s11} \tag{4.12}$$

对节点 2：
$$G_{21}U_1 + G_{22}U_2 = I_{s22} \tag{4.13}$$

等式左边，$G_{11} = G_1 + G_3$，是指连接到节点 1 的各支路的电导之和，称为节点 1 的自电导；$G_{22} = G_2 + G_3 + G_4$，是指连接到节点 2 的各支路的电导之和，称之为节点 2 的自电导；$G_{12} = G_{21} = -G_3$，是指连接在节点 1 和节点 2 之间的公共电导之和的负值，称为节点 1 和节点 2 之间的互电导。在列写节点电压方程时，自电导取正，互电导取负，这是因为节点电压参考方向都假定为从该节点指向参考节点。等式左边各项相当于流出该节点的电流之和。

等式右边，I_{s11} 和 I_{s22} 是指连接到节点 1 和节点 2 上的各支路中的电流源和电压源分别流入节点 1 和节点 2 的电流之和。对于具有 $(n-1)$ 个独立节点的电路，其节点电压方程可按式（4.12）和式（4.13）推广得出。

需要指出的是，在列节点电压方程时，可不必事先指定各支路中电流的参考方向，只有需要求出各支路电流时才有必要。

【例4.6】在图4.21所示电路中，$U_{S1} = 4V$，$R_1 = R_2 = R_3 = R_4 = R_5 = 1\Omega$，$I_s = 3A$，用节点电压法求各支路电流。

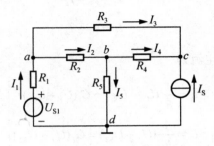

图4.21　例4.6的图

解：选节点 d 为参考节点，对独立节点分别列节点电压方程为

$$\begin{cases} (\dfrac{1}{R_1} + \dfrac{1}{R_2} + \dfrac{1}{R_3})U_a - \dfrac{1}{R_2}U_b - \dfrac{1}{R_3}U_c = \dfrac{1}{R_1}U_{S1} \\ -\dfrac{1}{R_2}U_a + (\dfrac{1}{R_4} + \dfrac{1}{R_2} + \dfrac{1}{R_5})U_b - \dfrac{1}{R_4}U_c = 0 \\ -\dfrac{1}{R_3}U_a - \dfrac{1}{R_4}U_b + (\dfrac{1}{R_3} + \dfrac{1}{R_4})U_c = I_s \end{cases}$$

代入各数据得

$$\begin{cases} 3U_a - U_b - U_c = 4 \\ U_a + 3U_b - U_c = 0 \\ -U_a - U_b + 2U_c = 3 \end{cases}$$

解得 $U_a = 4V$，$U_b = 3V$，$U_c = 5V$。

各支路电流为

$$I_1 = \frac{U_{S1} - U_a}{R_1} = \frac{4-4}{1} = 0(A)$$

$$I_2 = \frac{U_a - U_b}{R_2} = \frac{4-3}{1} = 1(A)$$

$$I_3 = \frac{U_a - U_c}{R_3} = \frac{4-5}{1} = -1(A)$$

$$I_4 = \frac{U_b - U_c}{R_4} = \frac{3-5}{1} = -2A$$

$$I_5 = \frac{U_b}{R_5} = \frac{3}{1} = 3(A)$$

【例 4.7】 图 4.22 所示电路具有两个节点 A、B，取 B 点为参考节点。电流的参考方向如图 4.22 所示，求节点 A 的电位。

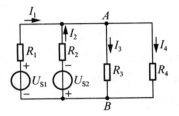

图 4.22　例 4.7 的图

解： 因为只有一个独立节点，所以只需列出一个节点电压方程，为

$$(G_1 + G_2 + G_3 + G_4)U_A = G_1 U_{S1} - G_2 U_{S2}$$

则有

$$U_A = \frac{G_1 U_{S1} - G_2 U_{S2}}{G_1 + G_2 + G_3 + G_4} = \frac{\dfrac{U_{S1}}{R_1} - \dfrac{U_{S2}}{R_2}}{\dfrac{1}{R_1} + \dfrac{1}{R_2} + \dfrac{1}{R_3} + \dfrac{1}{R_4}}$$

总结上式可得出直接求解两节点电路的节点电压的一般表达式为

$$U_A = \frac{\displaystyle\sum_{k=1}^{m} \frac{U_{Sk}}{R_k}}{\displaystyle\sum_{k=1}^{m} \frac{1}{R_k}} \tag{4.14}$$

式（4.14）称为弥尔曼公式。式中的 m 为接于两节点间的支路数，U_{Sk}、R_k 分别为第 k 条支路中的电压源的源电压和电阻。分子分别为流入 A 节点电源电流的代数和，当第 k 条支路中的 U_{Sk} 方向与节点电压 U_A 方向一致时，此项为正，相反时为负；当 U_{Sk} 为零时，此项为零。

对于某支路中仅含理想电压源的情况，可将该支路中理想电压源中的电流作为变量引入节点电压方程，同时也增加一个节点电压与理想电压源电压间的约束关系，这样方程数仍与变量数相同。有时还可以通过选取合适的参考节点来简化计算。

【例 4.8】电路如图 4.23 所示，用节点电压法求各支路电流。

解：因该电路左边支路仅含有一个理想电压源，可设流过该支路的电流为 I，列节点电压方程如下：

$$(G_1 + G_2)U_a - G_2U_b = I - I_s$$

$$-G_2U_a + (G_2 + G_3)U_b = I_s$$

补充约束方程

$$U_a = U_s$$

求解方程组，可求得变量 U_a、U_b 及 I 的值，然后再求出其余各支路电流 I_1、I_2 和 I_3。其实对于本题在不需求 I 的情况下，因选择 c 点为参考节点使得 a 点电位为已知，所以只需列出 b 点的节点电压方程即可。

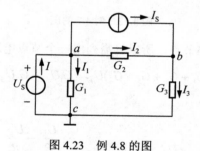

图 4.23　例 4.8 的图

4.2.3　叠加原理

叠加原理是解决许多工程问题的基础，也是分析线性电路的最基本的方法之一。所谓线性电路，简单地说就是由线性电路元件组成并满足线性性质的电路。

叠加原理可表述为：在含有多个电源的线性电路中，任一支路的电流或电压等于电路中各个电源分别单独作用时在该支路中产生的电流或电压的代数和。叠加原理可用图 4.24 所示电路具体说明。

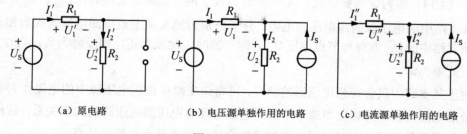

（a）原电路　　　　　（b）电压源单独作用的电路　　　　　（c）电流源单独作用的电路

图 4.24　叠加原理

在图 4.24（a）所示电路中，设 U_s、I_s、R_1、R_2 已知，求电流 I_1 和 I_2，由于只有两个未知电流，利用支路电流法求解时可以只列出两个方程式。

上节点：
$$I_1 - I_2 + I_s = 0$$

左网孔：
$$R_1 I_1 + R_2 I_2 = U_s$$

由此解得
$$\begin{cases} I_1 = \dfrac{U_s}{R_1 + R_2} - \dfrac{R_2 I_s}{R_1 + R_2} = I_1' - I_1'' \\ I_2 = \dfrac{U_s}{R_1 + R_2} + \dfrac{R_1 I_s}{R_1 + R_2} = I_2' + I_2'' \end{cases}$$

式中：I_1' 和 I_2' 是在理想电压源单独作用时[将理想电流源开路，如图 4.24（b）所示]产生的电流；I_1'' 和 I_2'' 是在理想电流源单独作用时[将理想电压源短路，如图 4.24（c）所示]产生的电流。同样，电压也有
$$\begin{cases} U_1 = R_1 I_1 = R_1(I_1' - I_1'') = U_1' - U_1'' \\ U_2 = R_2 I_2 = R_2(I_2' + I_2'') = U_2' + U_2'' \end{cases}$$

由此可见，利用叠加原理可将一个多电源的复杂电路问题简化成若干个单电源的简单电路问题。

应用叠加原理时，应注意以下几点。

1）当某个电源单独作用于电路时，其他电源应"除源"。即对电压源来说，令 U_s 为零，相当于"短路"；对电流源来说，令 I_s 为零，相当于"开路"。

2）对各电源单独作用产生的响应求代数和时，要注意单电源作用时电流和电压的方向是否和原电路中的方向一致。一致者前为"+"号，反之，取"–"号。

3）叠加原理只适用于线性电路。

4）叠加原理只适用于电路中电流和电压的计算，不能用于功率和能量的计算。例如，图 4.24（a）所示电路中 R_1 消耗的功率为 $P_1 = R_1 I_1^2 = R_1(I_1' - I_1'')^2 \neq R_1 I_1'^2 - R_1 I_1''^2$。

【例 4.9】电路如图 4.25（a）所示。

1）试用叠加原理求电压 U。

2）求电流源提供的功率。

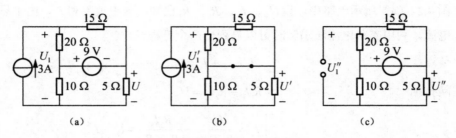

图 4.25 例 4.9 的电路图

解：1）由叠加原理，当 3A 电流源单独作用时的等效电路如图 4.25（b）所示。

$$U' = \frac{5 \times 10}{5+10} \times 3 = 10(\text{V})$$

9V 电压源单独作用时的等效电路如图 4.25（c）所示。

$$U'' = -\frac{5}{5+10} \times 9 = -3(\text{V})$$

$$U = U' + U'' = 10 + (-3) = 7(\text{V})$$

2）由图 4.25（b），有
$$U' = \left(\frac{15 \times 20}{15+20} + \frac{5 \times 10}{5+10}\right) \times 3 = 35.7(\text{V})$$

由图 4.25（c），有
$$U_1'' = -\frac{20}{20+15} \times 9 + \frac{10}{5+10} \times 9 = 0.86(\text{V})$$

故
$$U_1 = U_1' + U_1'' = 35.7 + 0.86 = 36.56(\text{V})$$

3A 电流源产生的功率为
$$P_\text{S} = 36.56 \times 3 = 109.68(\text{W})$$

4.2.4 戴维南定理

1. 二端网络

等效电源定理包含戴维南定理和诺顿定理。等效电源定理是分析计算复杂线性电路的一种有力工具。凡是具有两个接线端的部分电路称为二端网络。内部不含电源的称为无源二端网络，含电源的称为有源二端网络。图 4.26（a）所示电路为一无源二端网络，图 4.26（b）所示电路为一有源二端网络。二端网络的图形符号如图 4.26（c）所示。常以 N_A 表示有源二端网络，N_Q 表示无源二端网络。

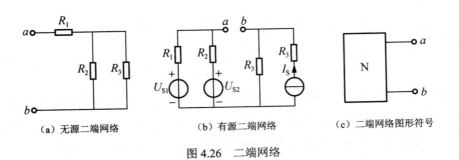

（a）无源二端网络　　　　　（b）有源二端网络　　　　　（c）二端网络图形符号

图 4.26　二端网络

有源二端网络不论其简繁程度如何，因为它对外电路提供电能，都相当于一个等效电源。这个电源可以用两种电路模型表示，一种是电压源 U_s 和内阻 R_s 串联的电路（电压源），另一种是电流源 I_s 和内阻 R_s 并联的电路（电流源），因此有源二端网络有两种等效电源模型。

2. 戴维南定理的内容

戴维南定理指出：任一有源二端线性网络，都可用一电压源模型等效代替，如图 4.27 所示。电压源的源电压 U_s 为有源二端线性网络的开路电压 U_{OC}，内阻 R_s 为有源二端网络除源后的等效电阻 R_o。

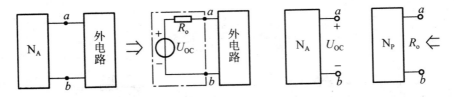

图 4.27　戴维南定理示意图

应用**戴维南定理**，关键是掌握如何正确求出有源二端网络的开路电压和有源二端网络除源后的等效电阻。

1）求有源二端网络的开路电压有两种途径。

① 用两种电源模型的等效变换将复杂的有源二端网络化简为一等效电源。

② 用所学过的任何一种电路分析方法求有源二端网络的开路电压 U_{OC}。

2）求戴维南等效电路中的 R_s 有以下三种方法。

① 电阻串、并联法，即利用电阻串、并联化简的方法求解。

② 加压求流法，即将有源二端网络除源以后，在端口处外加一个电压 U，求其端口处的电流 I，则其端口处的等效电阻为

$$R_o = \frac{U}{I} \qquad (4.15)$$

③ 开短路法，即根据戴维南定理和诺顿定理，显然有

$$R_{\text{o}} = \frac{U_{\text{OC}}}{I_{\text{SC}}} \qquad\qquad (4.16)$$

可见只要求出有源二端网络的开路电压 U_{OC} 和短路电流 I_{SC}，就可由上式计算出 R_{o}。

值得注意的是，戴维南定理要求等效二端网络必须是线性的，而对外电路则无此要求。另外，还要求二端网络与外电路之间没有耦合关系。本书只介绍戴维南定理，诺顿定理可以在戴维南定理的基础上，通过两种电源模型等效变换得到。

【例 4.10】 用戴维南定理求图 4.28（a）所示电路中 R 支路的电流 I。

解： 将图 4.28（a）中 R 支路划出，剩下一有源二端网络如图 4.28（b）所示。

计算 A、B 端口的开路电压 U_{OC}，有

$$U_{\text{OC}} = 15 + 1 \times 10 = 25(\text{V})$$

将有源二端网络除源，如图 4.28（c）所示，其等效电阻为

$$R_{\text{o}} = R_{\text{AB}} = 1\Omega$$

画出戴维南等效电路如图 4.28（d）中点划线框部分所示。其中 $U_{\text{S}} = U_{\text{OC}} = 25\text{V}$，$R_{\text{S}} = R_{\text{o}} = 1\Omega$。

$$I = \frac{U_{\text{S}}}{R_{\text{S}} + R} = \frac{25}{1 + 1} = 12.5(\text{A})$$

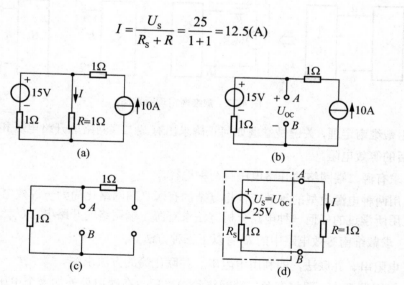

图 4.28 例 4.10 的图

【例 4.11】 用戴维南定理计算图 4.29（a）所示桥式电路中的电阻 R_1 上的电流 I。

解： 将图 4.29（a）所示电路中 R_1 支路断开，剩下部分电路为一有源二端网络，如图 4.29（b）所示。

1）计算 a、b 端口的开路电压 U_{OC} 为

$$U_{OC} = I_s R_2 - U_s = 2 \times 4 - 10 = -2(\mathrm{V})$$

2）将有源二端网络除源，如图 4.29（c）所示，因 R_3 和 R_4 被短接线短路，所以除源后电路的等效电阻为

$$R_s = R_2 = 4\Omega$$

3）画出戴维南等效电路如图 4.29（d）中点划线框部分所示，连接断开的 R_1 支路，即可方便求出电流 I，有

$$I = \frac{U_s}{R_s + R_1} = \frac{-2}{4+9} = -\frac{2}{13}(\mathrm{A})$$

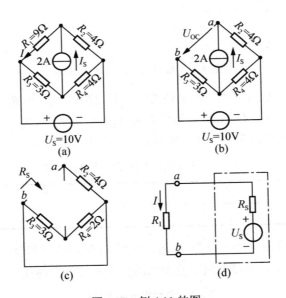

图 4.29 例 4.11 的图

实践活动：戴维南定理的验证

1. 实训目的

（1）验证戴维南定理的正确性，加深对戴维南定理的理解。
（2）掌握有源二端网络等效电路参数的测量方法。

2. 实训器材

（1）电工实验装置，1 套。

（2）数字万用表，1块。

（3）戴维南定理测量电路板，1块。

3. 实训内容及步骤

被测有源二端网络如图 4.30 所示，即"戴维南定理/诺顿定理"线路。

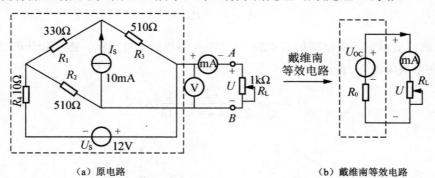

（a）原电路　　　　　　　　　　　（b）戴维南等效电路

图 4.30　戴维南定理实训电路图

1）用开路电压、短路电流法测定戴维南等效电路的 U_{OC} 和 R_0。在图 4.30（a）所示的电路中，接入稳压电源 U_s=12V 和恒流源 I_s=10mA，不接入 R_L。分别测定 U_{OC} 和 I_{SC}，并计算出 R_0，将结果填入表 4.1 中（测 U_{OC} 时，不接入 mA 表）。

表 4.1　开路电压及短路电流值记录表

U_{OC}/V	I_{SC}/mA	$R_0=U_{OC}/I_{SC}$/Ω

2）负载实验：按图 4.30（a）接入 R_L。改变 R_L 的阻值，测量不同 R_L 时的端电压和电流值，记于表 4.2 中，并据此画出有源二端网络的外特性曲线。

表 4.2　负载实验数据记录表

U/V									
I/mA									

3）验证戴维南定理：从电阻箱上取得按步骤 1）所得的等效电阻 R_0 之值，然后令其与直流稳压电源[调到步骤 1）时所测得的开路电压 U_{OC} 之值]相串联，如图 4.30（b）所示，仿照步骤 2）测其外特性，对戴维南定理进行验证，将结果填入表 4.3 中。

表 4.3　戴维南定理验证数据记录表

U/V									
I/mA									

4）有源二端网络等效电阻（又称入端电阻）的直接测量法。如图 4.30（a）所示，将被测有源网络内的所有独立源置零（去掉电流源 I_s 和电压源 U_s，并在原电压源所接的两点间用一根短路导线相连），然后用伏安法或者直接用万用表的欧姆挡去测定负载 R_L 开路时 A、B 两点间的电阻，此即为被测网络的等效内阻 R_0，或称网络的入端电阻 R_i。

5）用半电压法和零示法测量被测网络的等效内阻 R_0 及其开路电压 U_{OC}，线路及数据表格自拟。

项目 5 照明电路的安装与测量

任务 5.1 单相交流电路基础

5.1.1 正弦交流电的基本概念

在正弦交流电路中，大小和方向随时间按正弦规律变化的电流、电压和电动势等统称为正弦交流电，简称交流电。以正弦交流电流 i 为例，其波形图如图 5.1 所示，也可以用三角函数式表示为

$$i = I_{\mathrm{m}} \sin(\omega t + \varphi_{\mathrm{i}}) \tag{5.1}$$

式中，I_{m} 为振幅；ω 为角频率；φ_{i} 为初相位。由正弦量的表达式可以看出，正弦量的变化取决于以上三个量。通常把 I_{m}、ω、φ_{i}，即幅值、角频率和初相位称为正弦量的三要素。

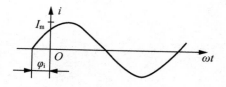

图 5.1 正弦交流电流波形图

1. 频率、周期和角频率

正弦量每秒变化的次数称为频率 f，单位是赫[兹]（Hz）。正弦量变化一周所需要的时间称为周期 T，单位是秒（s）。频率和周期互为倒数，即

$$f = \frac{1}{T} \tag{5.2}$$

正弦量每秒相位角的变化称为角频率 ω，单位为弧度每秒（rad/s）。由于正弦量在一个周期内变化了 2π 弧度（rad），所以正弦量的周期 T、频率 f 和角频率 ω 之间的关系为

$$\omega = \frac{2\pi}{T} = 2\pi f \tag{5.3}$$

已知我国工频电源频率为 $f = 50\text{Hz}$，则可求出其周期和角频率分别为

$$T = \frac{1}{50}\text{s} = 0.02\text{s}$$

$$\omega = 2\pi f = 2 \times 3.14 \times 50\text{rad}/\text{s} = 314\text{rad}/\text{s}$$

2. 幅值与有效值

正弦量瞬时值中最大的值称为最大值或幅值，用带下标 m 的大写字母来表示，如 I_m 表示电流最大值。瞬时值和幅值都是正弦量某一特定时刻的数值，它们不能表明正弦量发热和做功的能力。为此，常用有效值来计量交流电。

正弦交流电流 i 在一个周期 T 内通过某一电阻 R 产生的热量若与某一直流电流 I 在相同时间和相同电阻上产生的热量相等，那么这个直流电流 I 就是该正弦交流电流 i 的有效值。

根据定义

$$\int_0^T i^2 R\text{d}t = I^2 RT$$

由此可得出正弦电流 i 的有效值为

$$I = \sqrt{\frac{1}{T}\int_0^T i^2 \text{d}t} \tag{5.4}$$

可见，正弦电流 i 的有效值为其方均根值。若把 $i = I_\text{m}\sin\omega t$（令 $\varphi_i = 0$）代入式（5.4）中，

则有

$$I = \sqrt{\frac{1}{T}\int_0^T I_\text{m}^2 \sin^2\omega t\text{d}t}$$

$$= \sqrt{\frac{I_\text{m}^2}{T}\int_0^T \frac{1-\cos 2\omega t}{2}\text{d}t} = \frac{I_\text{m}}{\sqrt{2}} \tag{5.5}$$

同理可得，正弦电压 $u = U_\text{m}\sin\omega t$ 和正弦电动势 $e = E_\text{m}\sin\omega t$ 的有效值分别为

$$U = \frac{U_\text{m}}{\sqrt{2}} \tag{5.6}$$

$$E = \frac{E_\text{m}}{\sqrt{2}} \tag{5.7}$$

3. 相位和初相位

$(\omega t+\varphi)$ 是正弦量随时间变化的角度，称为相位角，简称相位。$t=0$ 时的相位 φ 称为初相位角或初相位。初相位决定了计时起点 $t=0$ 时正弦量的大小，计时起点不同，正弦量的初相位也不相同。

在同一正弦电路中，两个正弦量的频率相同，但初相位不一定相同。设波形如图 5.2 所示的两个同频率的正弦量为

$$u = U_{\mathrm{m}} \sin(\omega t + \varphi_{\mathrm{u}})$$

$$i = I_{\mathrm{m}} \sin(\omega t + \varphi_{\mathrm{i}})$$

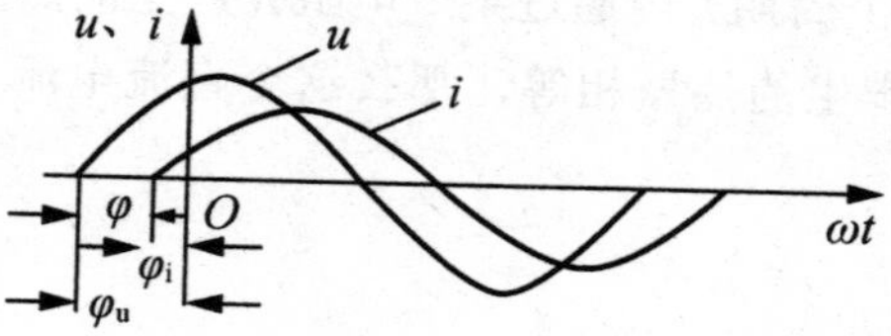

图 5.2　同频率正弦量的相位差

两个同频率正弦量的相位之差称为相位差，u 和 i 之间的相位差为

$$\varphi = (\omega t + \varphi_{\mathrm{u}}) - (\omega t + \varphi_{\mathrm{i}}) = \varphi_{\mathrm{u}} - \varphi_{\mathrm{i}}$$

即相位差也是两个同频率正弦量的初相位之差。

由图 5.2 可见，由于 $\varphi_{\mathrm{u}} > \varphi_{\mathrm{i}}$，所以 u 比 i 先到达正的最大值。此时，称在相位上电压超前电流 φ 相位角，或者说电流滞后电压 φ 相位角。如果两正弦量的相位差 $\varphi = 0$，则称两正弦量同相位；如果 $\varphi = \pm\pi$，则称两正弦量反相；如果 $\varphi = \pm\pi/2$，则称两正弦量正交，如图 5.3 所示。

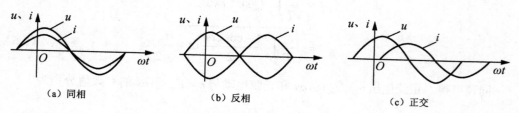

（a）同相　　　　　　（b）反相　　　　　　（c）正交

图 5.3　同频率正弦量的相位关系

5.1.2　正弦量的相量表示法

交流电的瞬时值表达式是以三角函数形式表示交流电的变化规律；从交流电的波形图中可看出交流电的变化情况；而交流电的相量表示则是为了便于交流电的分析和

计算。

1. 复数及其运算

（1）复数的表示形式

一个复数可以有多种表示形式，常见的有代数形式、三角函数形式、指数形式和极坐标形式 4 种。现设 A 为一复数，其 4 种表示形式分别如下。

1）代数形式。利用代数形式，复数 A 可表示为

$$A = a_1 + ja_2$$

式中，$j = \sqrt{-1}$ 为虚数的单位，且 $j^2 = -1$，$j^3 = -j$，$j^4 = 1$。复数的代数形式便于对复数进行加减运算。

2）三角函数形式。若复数 A 的模 $|A|$ 等于 a，其值为正；φ 为复数 A 的辐角，则 A 的三角函数形式为

$$a_1 = a\cos\varphi$$

$$a_2 = a\sin\varphi$$

$$a = \sqrt{a_1^2 + a_2^2}, \quad \tan\varphi = \frac{a_2}{a_1}$$

$$A = a(\cos\varphi + j\sin\varphi)$$

3）指数形式。根据欧拉公式 $e^{j\varphi} = \cos\varphi + \sin\varphi$，则复数 A 的指数形式为

$$A = ae^{j\varphi}$$

4）极坐标形式。复数的极坐标形式是其指数形式的简写，书写较为方便，即为

$$A = a\angle\varphi$$

（2）复数的运算

复数的加减运算需要用代数形式进行，或者在复平面上用平行四边形法则作图完成；而乘除运算则一般采用指数（或极坐标）形式较为方便。

1）加减运算。两个复数做加减运算时，其实部与实部相加减，虚部与虚部相加减。如，有复数 $A = a_1 + ja_2$ 和 $B = b_1 + jb_2$，则有

$$A \pm B = (a_1 \pm b_1) + j(a_2 \pm b_2)$$

2）乘法运算。两个复数相乘时，其模相乘，辐角相加。如，有两个复数 $A = ae^{j\varphi_a} = a\angle\varphi_a$ 和 $B = be^{j\varphi_b} = b\angle\varphi_b$，则有

$$A \cdot B = ab\mathrm{e}^{\mathrm{j}(\varphi_\mathrm{a} + \varphi_\mathrm{b})} = ab\angle(\varphi_\mathrm{a} + \varphi_\mathrm{b})$$

3）除法运算。两个复数相除时，其模相除，辐角相减。如，有两个复数 $A = a\mathrm{e}^{\mathrm{j}\varphi_\mathrm{a}} = a\angle\varphi_\mathrm{a}$ 和 $B = b\mathrm{e}^{\mathrm{j}\varphi_\mathrm{b}} = b\angle\varphi_\mathrm{b}$，则

$$\frac{A}{B} = \frac{a}{b}\mathrm{e}^{\mathrm{j}(\varphi_\mathrm{a} - \varphi_\mathrm{b})} = \frac{a}{b}\angle(\varphi_\mathrm{a} - \varphi_\mathrm{b})$$

2. 正弦量的相量表示

对于任意一个正弦量，都能找到一个与之相对应的复数，由于这个复数与一个正弦量相对应，我们就把这个复数称作相量。我们通常在大写字母上加一点来表示正弦量的相量。如电流、电压的最大值相量表示为 $\dot{I}_\mathrm{m}$、$\dot{U}_\mathrm{m}$，有效值相量表示为 $\dot{I}$、$\dot{U}$。用一个复数来表示正弦量的方法就称为正弦量的相量表示法。

现有正弦电流 $i = I_\mathrm{m}\sin(\omega t + \varphi_\mathrm{i})$，若用相量表示如图 5.4 所示，则在复平面内有复数 $I_\mathrm{m}\angle\varphi_\mathrm{i}$，以不变的角速度 ω 沿逆时针方向旋转，在虚轴上的投影为 $i = I_\mathrm{m}\sin(\omega t + \varphi_\mathrm{i})$，即表示了正弦电流的瞬时值。

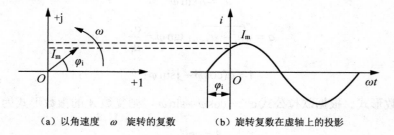

（a）以角速度 ω 旋转的复数　　（b）旋转复数在虚轴上的投影

图 5.4　正弦量的相量表示法

正弦电流 $i = I_\mathrm{m}\sin(\omega t + \varphi_\mathrm{i})$ 的相量为

$$\dot{I}_\mathrm{m} = I_\mathrm{m}(\cos\varphi_\mathrm{i} + \mathrm{j}\sin\varphi_\mathrm{i}) = I_\mathrm{m}\mathrm{e}^{\mathrm{j}\varphi_\mathrm{i}} = I_\mathrm{m}\angle\varphi_\mathrm{i}$$

或

$$\dot{I} = I(\cos\varphi_\mathrm{i} + \mathrm{j}\sin\varphi_\mathrm{i}) = I\mathrm{e}^{\mathrm{j}\varphi_\mathrm{i}} = I\angle\varphi_\mathrm{i} \tag{5.8}$$

相量 $\dot{I}_\mathrm{m}$ 的模是电流 i 的最大值，称为该电流的最大值相量；$\dot{I}$ 的模是电流 i 的有效值，称为有效值相量。

将同频率的正弦量画在同一复平面内，称为相量图。从相量图中可以方便地看出各个正弦量的大小及其相互间的相位关系，如图 5.5 所示。

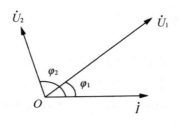

图 5.5　相量图

【**例 5.1**】设有两个正弦量 $u_1 = 100\sqrt{2}\sin(\omega t + 30^\circ)\text{V}$ ， $u_2 = 40\sqrt{2}\sin(\omega t - 45^\circ)\text{V}$ ，试求这两个正弦量的最大值相量和有效值相量，并画出其相量图。

解：因为两个正弦量的最大值分别为

$$U_{1\text{m}} = 100\sqrt{2}\text{V}，\quad U_{2\text{m}} = 40\sqrt{2}\text{V}$$

两个正弦量的有效值分别为

$$U_1 = 100\text{V}，\quad U_2 = 40\text{V}$$

两个正弦量的初相位为

$$\varphi_1 = 30^\circ，\quad \varphi_2 = -45^\circ$$

所以两个正弦量的最大值相量为

$$\dot{U}_{1\text{m}} = 100\sqrt{2}\text{e}^{\text{j}30^\circ}\text{V}，\quad \dot{U}_{2\text{m}} = 40\sqrt{2}\text{e}^{-\text{j}45^\circ}\text{V}$$

两个正弦量的有效值相量为

$$\dot{U}_1 = 100\text{e}^{\text{j}30^\circ}\text{V}，\quad \dot{U}_2 = 40\text{e}^{-\text{j}45^\circ}\text{V}$$

两个正弦量的相位差为

$$\varphi = \varphi_1 - \varphi_2 = 30^\circ - (-45^\circ) = 75^\circ$$

它们的相量图如图 5.6 所示，可见电压 u_1 比 u_2 超前 75°。

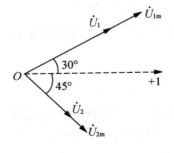

图 5.6　例 5.1 图

5.1.3 正弦交流电路中的电阻元件

单个电阻、电感或电容元件组成的电路称为单一参数电路，掌握它们的伏安关系、功率消耗及能量转换是分析正弦交流电路的基础。在日常生活中所接触到的单一参数电路，如白炽灯、电炉等都属于电阻性负载，在这类电路中影响电流大小的主要是负载的电阻 R。本节我们先分析正弦交流电路中的电阻元件。

1. 伏安关系

设在正弦交流电路中，有一线性电阻 R，其电流 i 与电压 u 的参考方向如图 5.7（a）所示。在一般情况下，其满足伏安关系

$$u = Ri \tag{5.9}$$

若电阻元件流过的电流为 $i = I_m \sin(\omega t + \varphi_i)$，并作为参考正弦量，代入式（5.9）可得

$$u = Ri = RI_m \sin(\omega t + \varphi_i) = U_m \sin(\omega t + \varphi_u) \tag{5.10}$$

由此可见，正弦交流电路中电阻元件的 u 与 i 之间的关系（伏安关系）可表述如下。

1）$\varphi = \varphi_u - \varphi_i = 0$，$u$ 与 i 是同频率同相位的正弦量。

2）电压与电流的幅值关系为 $U_m = RI_m$，有效值关系为 $U = RI$，满足线性关系。

3）u 与 i 的波形如图 5.7（b）所示。

4）u 与 i 伏安关系的相量形式为 $\dot{I} = Ie^{j\varphi_i} = I\angle\varphi_i$，$\dot{U} = Ue^{j\varphi_u} = U\angle\varphi_u$，$\dot{U} = R\dot{I}$。

5）u 与 i 的相量图如图 5.7（c）所示。

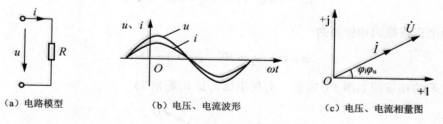

| （a）电路模型 | （b）电压、电流波形 | （c）电压、电流相量图 |

图 5.7　正弦交流电路中的电阻元件

2. 功率消耗与能量转换

（1）瞬时功率

在任一瞬时，某元件瞬时电压 u 与瞬时电流 i 的乘积，称为该元件的瞬时功率，用小写字母 p 表示。若电阻元件两端电压 u 与电流 i 参考方向相关联，且 $u = U_m \sin\omega t$，$i = I_m \sin\omega t$，则其瞬时功率为

$$p = ui = U_mI_m \sin^2 \omega t = U_mI_m \frac{1-\cos 2\omega t}{2}$$

$$= UI(1 - \cos 2\omega t) \tag{5.11}$$

由式（5.11）可知，电阻的瞬时功率是由两部分组成的：第一部分是恒定值 UI，第二部分的幅值为 UI，并以 2ω 的角频率随时间变化。这说明电阻瞬时功率 p 的变化频率是电源频率的两倍，并且电阻在任一瞬时所吸收的功率总是大于等于零（$p \geqslant 0$），即电阻元件在正弦电路中是消耗功率的，其瞬时功率 p 的波形如图 5.8 所示。

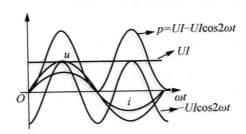

图 5.8　电阻元件瞬时功率的波形图

（2）平均功率

瞬时功率 p 在一个周期内的平均值称为平均功率，用大写字母 P 表示，即

$$P = \frac{1}{T}\int_0^T p\,\mathrm{d}t = \frac{1}{T}\int_0^T UI(1-\cos 2\omega t)\mathrm{d}t$$

$$= UI = I^2R = \frac{U^2}{R} \tag{5.12}$$

平均功率亦称有功功率，单位是瓦或千瓦（W 或 kW）。

（3）能量转换

由 $p \geqslant 0$ 可知，电阻元件是消耗功率的，它吸收电源的电能，并转化为热能散发掉，是一种不可逆的转换。电阻元件在一个周期内转换的热能为

$$W_R = \int_0^T p\,\mathrm{d}t = UIT = I^2RT = \frac{U^2}{R}T \tag{5.13}$$

5.1.4　正弦电路中的电感元件

当一个线圈的电阻小到可以忽略不计时，该线圈可以看成是一个纯电感。由于空心线圈的电感 L 为常数，所以一个电阻可以忽略不计的空心线圈可以看成是线性电感。

1. 伏安关系

在正弦交流电路中，若线性电感 L 中的电流 i 和电压 u 的参考方向关联如图 5.9（a）所示，那么，在一般激励情况下，线性电感的瞬时伏安关系为

$$u = -e = L\frac{\mathrm{d}i}{\mathrm{d}t}$$

若设电流 $i = I_\mathrm{m}\sin(\omega t + \varphi_\mathrm{i})$ 为参考相量，则电感 L 的端电压为

$$\begin{aligned} u &= L\frac{\mathrm{d}i}{\mathrm{d}t} = I_\mathrm{m}\omega L\cos(\omega t + \varphi_\mathrm{i}) \\ &= I_\mathrm{m}\omega L\sin(\omega t + \varphi_\mathrm{i} + \frac{\pi}{2}) \\ &= U_\mathrm{m}\sin(\omega t + \varphi_\mathrm{u}) \end{aligned} \quad (5.14)$$

那么

$$\varphi = \varphi_\mathrm{u} - \varphi_\mathrm{i} = \frac{\pi}{2}$$

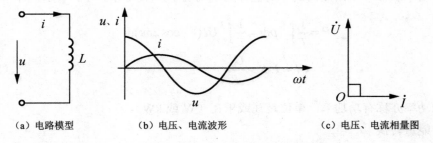

（a）电路模型　　　（b）电压、电流波形　　　（c）电压、电流相量图

图 5.9　正弦交流电路中的电感元件

由此可知：

1）u 与 i 是同频率的正弦量。

2）在相位上，u 比 i 超前 $\frac{\pi}{2}$ 相位。

3）电压与电流的幅值关系为 $U_\mathrm{m} = I_\mathrm{m}\omega L = I_\mathrm{m}X_\mathrm{L}$，有效值关系为 $U = I\omega L = IX_\mathrm{L}$，其中 $X_\mathrm{L} = \omega L = 2\pi fL$ 为线圈的感抗。

4）u 与 i 的波形如图 5.9（b）所示。

5）u 与 i 的相量之比称为复感抗，用 Z_L 表示，有

$$Z_\mathrm{L} = \frac{\dot{U}}{\dot{I}} = \mathrm{j}X_\mathrm{L} = \mathrm{j}2\pi fL$$

6）u 与 i 的相量图如图 5.9（c）所示。

2. 功率消耗与能量转换

（1）瞬时功率及能量转换

在正弦交流电路中，若任一瞬时通过电感元件的电流为 $i = I_\mathrm{m} \sin \omega t$，电感两端的电压为 $u = U_\mathrm{m} \sin(\omega t + \dfrac{\pi}{2})$，则由瞬时功率的定义可得

$$
\begin{aligned}
p_\mathrm{L} &= ui = U_\mathrm{m} I_\mathrm{m} \sin(\omega t + \frac{\pi}{2}) \sin \omega t \\
&= U_\mathrm{m} I_\mathrm{m} \sin \omega t \cos \omega t = \frac{U_\mathrm{m} I_\mathrm{m}}{2} \sin 2\omega t \\
&= UI \sin 2\omega t
\end{aligned}
\tag{5.15}
$$

由式（5.15）可知，电感元件的瞬时功率是一个幅值为 UI，并以 2ω 角频率随时间变化的正弦量，其波形如图 5.10 所示。

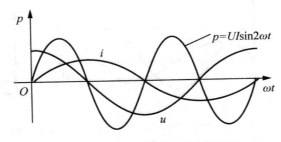

图 5.10　电感元件瞬时功率的波形图

电感元件的瞬时功率有正有负，在第一和第三个 1/4 周期内，功率为正，说明电感 L 从电源吸取电能，转换为磁能存储在线圈的磁场中；在第二和第四个 1/4 周期内，功率为负，说明电感 L 将存储的磁能转换为电能返回给电源。从能量的观点看，这是电能和磁场能的相互转换，而电感线圈不消耗能量。

（2）平均功率

同理，电感元件的瞬时功率在一个周期内的平均值即为平均功率，有

$$
P_\mathrm{L} = \frac{1}{T} \int_0^T p_\mathrm{L} \mathrm{d}t = \frac{1}{T} \int_0^T UI \sin 2\omega t \mathrm{d}t = 0
\tag{5.16}
$$

上式说明，电感元件在一个周期内从电源吸取的电能等于其返回给电源的能量，因此，理想电感元件在正弦交流电路中不消耗能量。

（3）无功功率

电感元件 L 虽然不消耗有功功率，但需要与电源间进行能量交换，这种能量交换的

规模用瞬时功率的最大值表示，称为无功功率，即

$$Q_\mathrm{L} = UI = I^2 X_\mathrm{L} = \frac{U^2}{X_\mathrm{L}} \tag{5.17}$$

电感是储能元件，虽自身不消耗能量，但需要占用电源的容量，并与之进行能量交换，所以对电源来说它仍然是一种负载。

5.1.5 正弦电路中的电容元件

1. 伏安关系

在正弦交流电路中，若通过线性电容 C 的电流 i 和其两端电压 u 参考方向关联如图 5.11（a）所示。那么，在一般激励情况下，线性电容的瞬时伏安关系为

$$i = \frac{\mathrm{d}Q}{\mathrm{d}t} = C\frac{\mathrm{d}u}{\mathrm{d}t}$$

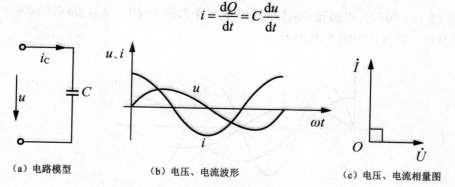

（a）电路模型　　　　　（b）电压、电流波形　　　　　（c）电压、电流相量图

图 5.11　正弦交流电路中的电容元件

若电容两端电压 $u = U_\mathrm{m}\sin(\omega t + \varphi_\mathrm{u})$ 为参考相量，则流过电容 C 的电流为

$$
\begin{aligned}
i &= C\frac{\mathrm{d}u}{\mathrm{d}t} = C\frac{\mathrm{d}\left[U_\mathrm{m}\sin(\omega t + \varphi_\mathrm{u})\right]}{\mathrm{d}t} \\
&= \omega C U_\mathrm{m}\cos(\omega t + \varphi_\mathrm{u}) \\
&= \omega C U_\mathrm{m}\sin(\omega t + \varphi_\mathrm{u} + \frac{\pi}{2}) \\
&= I_\mathrm{m}\sin(\omega t + \varphi_\mathrm{u} + \frac{\pi}{2})
\end{aligned} \tag{5.18}
$$

那么

$$\varphi = \varphi_\mathrm{u} - \varphi_\mathrm{i} = -\frac{\pi}{2}$$

由此可知：

1）i 与 u 是同频率的正弦量。

2）在相位上，u 比 i 落后 $\dfrac{\pi}{2}$ 相位。

3）电压与电流的幅值关系为 $\omega C U_{\mathrm{m}} = I_{\mathrm{m}} = \dfrac{U_{\mathrm{m}}}{X_{\mathrm{C}}}$，有效值关系为 $\omega C U = I = \dfrac{U}{X_{\mathrm{C}}}$；电压与电流的有效值（或最大值）之比称为容抗，即 $X_{\mathrm{C}} = \dfrac{U}{I} = \dfrac{U_{\mathrm{m}}}{I_{\mathrm{m}}} = \dfrac{1}{\omega C} = \dfrac{1}{2\pi f C}$ 为电容的容抗。

4）u 与 i 的波形如图 5.11（b）所示。

5）u 与 i 的相量之比称为复容抗，用 Z_{C} 表示，有

$$Z_{\mathrm{C}} = \frac{\dot{U}}{\dot{I}} = -\mathrm{j}X_{\mathrm{C}} = -\mathrm{j}\frac{1}{\omega C} = \frac{1}{\mathrm{j}2\pi f c}$$

6）u 与 i 的相量图如图 5.11（c）所示。

2. 功率消耗与能量转换

（1）瞬时功率及能量转换

在正弦交流电路中，若任一瞬时电容两端的电压为 $u = U_{\mathrm{m}}\sin\omega t$，通过电容的电流为 $i = I_{\mathrm{m}}\sin(\omega t + \dfrac{\pi}{2})$，则由瞬时功率的定义可得

$$\begin{aligned}
p_{\mathrm{C}} = ui &= U_{\mathrm{m}}I_{\mathrm{m}}\sin(\omega t + \frac{\pi}{2})\sin\omega t \\
&= U_{\mathrm{m}}I_{\mathrm{m}}\sin\omega t\cos\omega t \\
&= UI\sin 2\omega t
\end{aligned} \tag{5.19}$$

由式（5.19 可知，电容元件的瞬时功率是一个幅值为 UI，并以 2ω 角频率随时间变化的正弦量，其波形如图 5.12 所示。

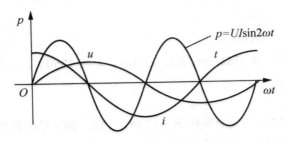

图 5.12 电容元件瞬时功率的波形图

电容元件的瞬时功率也是有正有负，在第一和第三个 1/4 周期内，功率为正，说明电容 C 从电源吸取电能，转换为电场能量存储在电场中；在第二和第四个 1/4 周期内，

功率为负，说明电容 C 将存储的电场能量转换为电能返回给电源。从能量的观点看，这是电能和电场能的相互转换，而电容不消耗能量。

（2）平均功率

同理，电容元件的瞬时功率在一个周期内的平均值即为平均功率，有

$$P_C = \frac{1}{T}\int_0^T p_C \mathrm{d}t = \frac{1}{T}\int_0^T UI\sin 2\omega t \mathrm{d}t = 0 \qquad (5.20)$$

上式说明，电容元件在一个周期内从电源吸取的电能等于其返回给电源的能量，因此，理想电容元件在正弦交流电路中不消耗能量。

（3）无功功率

电容元件 C 虽然不消耗有功功率，但需要与电源间进行能量交换，其无功功率用来表示电容元件与电源间能量交换的规模大小，即

$$Q_C = -UI = -I^2 X_C = -\frac{U^2}{X_C} \qquad (5.21)$$

电容也是储能元件，对电源来说它也是一种负载。

实践活动：元件阻抗特性的测定

1. 实训目的

1）验证电阻、感抗、容抗与频率的关系，测定 $R\sim f$、$X_L\sim f$ 及 $X_C\sim f$ 特性曲线。
2）加深理解 R、L、C 元件端电压与电流间的相位关系。

2. 实训器材

1）函数信号发生器，1 台（DG03）。
2）交流毫伏表（0～600V），1 台。
3）双踪示波器，1 台。
4）频率计，1 台（DG09）。
5）实验线路元件（R=1kΩ，r=51Ω，C=1μF，L 约 10mH），1 套。

3. 实训内容及步骤

元件阻抗频率特性的测量电路如图 5.13 所示。图中的 r 是提供测量回路电流用的标准小电阻，由于 r 的阻值远小于被测元件的阻抗值，因此可以认为 AB 之间的电压就是被测元件 R、L 或 C 两端的电压，流过被测元件的电流则可由 r 两端的电压除以 r 得到。

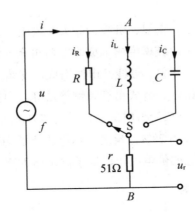

图 5.13　元件阻抗频率特性的测量电路

若用双踪示波器同时观察 r 与被测元件两端的电压，可显示出被测元件两端的电压和 r 两端的电压波形，从而可在荧光屏上测出电压与电流的相位差。

1）测量 R、L、C 元件的阻抗频率特性。

通过电缆线将函数信号发生器输出的正弦信号接至如图 5.13 所示的电路，作为激励源 u，并用交流毫伏表测量，使激励电压的有效值为 U＝3V，并保持不变。

使信号源的输出频率从 200Hz 逐渐增至 5kHz（用频率计测量），并使开关 S 分别接通 R、L、C 三个元件，用交流毫伏表测量 U_r，并计算各频率点时的 I_R、I_L 和 I_C（即 U_r/r）以及 $R=U/I_R$、$X_L=U/I_U$ 及 $X_C=U/I_C$ 之值。

注意： 在接通 C 测试时，信号源的频率应控制在 200～2500Hz 之间。

2）用双踪示波器观察在不同频率下各元件阻抗角的变化情况，并计算出 φ。

3）测量 R、L、C 元件串联时的阻抗角频率特性。

任务 5.2　照明电路的安装与测量

5.2.1　照明电路安装知识

1. 白炽灯的介绍及使用

白炽灯为热辐射光源，是靠电流加热灯丝至白炽状态而发光的。白炽灯有普通照明灯和低压照明灯两种。普通灯额定电压一般为 220V，功率为 10～1000W，灯头有卡口和螺口之分，其中 100W 以上者一般采用瓷质螺纹灯口，用于常规照明。低压灯额定电压为 6～36V，功率一般不超过 100W，用于局部照明和携带照明。

白炽灯由玻璃泡壳、灯丝、支架、引线、灯头等组成。在非充气式灯泡中，玻璃泡内抽成真空；在充气式灯泡中，玻璃泡内抽成真空后再充入惰性气体。

白炽灯照明电路由负荷、开关、导线及电源组成。安装方式一般为悬吊式、壁式和吸顶式。悬吊式又分为软线吊灯、链式吊灯和钢管吊灯。白炽灯在额定电压下使用时，其寿命一般为 1000h，当电压升高 5%时寿命将缩短 50%；电压升高 10%时，其发光率提高 17%，而寿命缩短到原来的 28%。反之，当电压降低 20%时，其发光率降低 37%，但寿命增加一倍。因此，灯泡的供电电压以低于额定值为宜。

2. 白炽灯照明电路的安装

白炽灯安装的主要步骤与工艺要求如下。

1）木台的安装。先在准备安装挂线盒的地方打孔，预埋木枕或膨胀螺栓，然后在木台底面用电工刀刻两条槽，木台中间钻三个小孔，最后将两根电源线端头分别嵌入圆木的两条槽内，并从两边小孔穿出，通过中间小孔用木螺钉将圆木固定在木枕上。

2）挂线盒的安装。将木台上的电源线从线盒底座孔中穿出，用木螺钉将挂线盒固定在木台上，然后将电源线剥去 2mm 左右的绝缘层，分别旋紧在挂线盒接线柱上，并从挂线盒的接线柱上引出软线，软线的另一端接到灯座上，由于挂线螺钉不能承担灯具的自重，因此在挂线盒内应将软线打个线结，使线结卡在盒盖和线孔处，打结的方法如图 5.14（a）所示。

3）灯座的安装。旋下灯头盖子，将软线下端穿入灯头盖中心孔，在离线头 30mm 处照上述方法打一个结，然后把两个线头分别接在灯头的接线柱上并旋上灯头盖子，如图 5.14（b）所示。如果是螺口灯头，相线应接在与中心铜片相连的接线柱上，否则易发生触电事故。

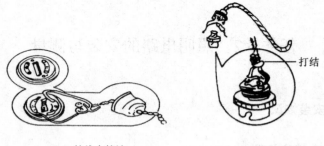

（a）挂线盒接法 　　　　　（b）灯座的打结方法

图 5.14　挂线盒的安装

3. 开关控制线路的原理

照明线路由电源、导线、开关和照明灯组成。在日常生活中，可以根据不同的工作需要，用不同的开关来控制照明灯具。通常用一个开关来控制一盏或多盏照明灯。有时也可以用多个开关来控制一盏照明灯，如楼道灯的控制等，以实现照明电路控制的灵活性。

用一只单联开关控制一盏灯，如图 5.15 所示。开关必须接在相线端。转动开关至"开"，电路接通，灯亮；转动开关至"关"，电路断开，灯熄灭，灯具不带电。

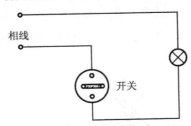

图 5.15　一控一照明灯电气原理图

4. 开关的安装

开关不能安装在中性线上，必须安装在灯具电源侧的相线上，确保开关断开时灯具不带电。开关的安装分明、暗两种方式。明开关安装时，应先敷设线路，再在装开关处打好木枕，固定木台，并在木台上装好开关底座，然后接线。

暗开关安装时，先将开关盒按施工图要求位置预埋在墙内，开关盒外口应与墙的粉刷层在同一平面上。再在预埋的暗管内穿线，然后根据开关板的结构接线，最后将开关板用木螺钉固定在开关盒上，如图 5.16 所示。

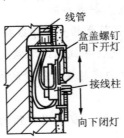

图 5.16　暗开关的安装

安装扳动式开关时，无论是明装或暗装，都应装成扳柄向上扳时电路接通，扳柄向下扳时电路断开。安装拉线开关时，应使拉线自然下垂，方向与拉向保持一致，否则容易磨断拉线。

5. 插座的安装

插座的种类很多，按安装位置分，有明插座和暗插座；按电源相数分，有单相插座和三相插座；按插孔数分，有两孔插座和三孔插座。目前新型的多用组合插座或接线板更是品种繁多，将两眼与三眼、插座与开关、开关与安全保护等合理地组合在一起，既安全又美观，在家庭和宾馆得到了广泛的应用。

普通的单相两孔插座、三孔插座的安装方法如图 5.17 所示。安装时，插线孔必须按一定顺序排列。单相两孔插座在两孔垂直排列时，相线在上孔，中性线（零线）在下孔；水平排列时，相线在右孔，中性线在左孔。对于单相三孔插座，保护接地（保护接零）线在上孔，相线在右孔，中性线在左孔。电源电压不同的邻近插座，安装完毕后，都要有明显的标志，以便使用时识别。

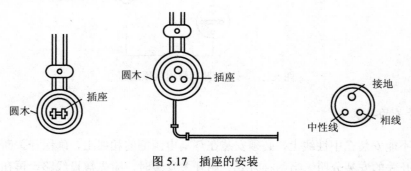

图 5.17　插座的安装

注意事项

1）相线和中性线应严格区分，将中性线直接接到灯座上，相线经过开关再接到灯头上。对螺口灯座，相线必须接在螺口灯座中心的接线端上，中性线接在螺口的接线端上，千万不能接错，否则就容易发生触电事故。

2）用双股棉织绝缘软线时，有花色的一根导线接相线，没有花色的导线接中性线。

3）导线与接线螺钉连接时，先将导线的绝缘层剥去合适的长度，再将导线拧紧以免松动，最后环成圆扣。圆扣的方向应与螺钉拧紧的方向一致，否则旋紧螺钉时，圆扣就会松开。

4）当灯具需接地（或中性线）时，应采用单独的接地导线（如黄绿双色）接到电网的中性线干线上，以确保安全。

实践活动：多控开关电路的安装

本活动以二开关控制一白炽灯的电路为例来介绍多控开关电路的安装。

1. 实训目的

1）会安装二开关控制一白炽灯电路。

2）会检测并排除二开关控制一白炽灯电路的故障。

2. 实训器材

十字螺丝刀、一字螺丝刀、尖嘴钳、剥线钳、木制电工接线板、万用表、圆胶膜、灯头、铝芯线。

3. 实训内容及步骤

1）识读电路图，明确工作原理。

二开关控制一白炽灯的电路，如图 5.18 所示。

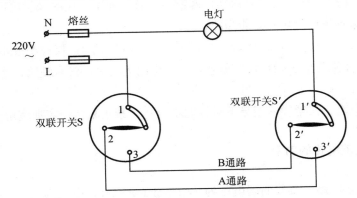

图 5.18　二开关控制一白炽灯电路

该电路的工作原理是两只双联开关 S、S′串联后再与灯座串联。双联开关 S 中，连片 1 接相线，双联开关 S′中连片 1′接灯座；双联开关 S 中接线端 2 和双联开关 S′中接线端 3′相连接；双联开关 S 中接线端 3 和双联开关 S′中接线端 2′相连接；分别构成 A 和 B 两条通路。此时任意拨动双联开关 S 或 S′，均可接通 A、B 中任一条线路而使灯泡发光，即 1 和 2、1′和 3′相接触，构成 A 路通；或 1 和 3、1′和 2′相接触，构成 B 路通。再任意拨动双联开关 S 或 S′，A、B 两条线路均断开，灯泡不亮，即 1 和 2、1′和 2′相接触或 1 和 3、1′和 3′相接触。

2）根据电路图选择元器件。

根据二开关控制一白炽灯电路的电路图，列出所需的电路元器件，如表 5.1 所示。

表 5.1　二开关控制-白炽灯电路元器件明细表

符号	元器件名称	型号	规格	数量
SA	双控开关	S922	16A，250V	2 只
FU	控制电路熔断器	RL3-15	380V，15A，配熔体 2A	2 个
HL	白炽灯	E12	220V，45W	1 只

3）根据电路图设计元器件的布置图。元器件的布置图就是根据电气元器件在木制电工接线板上的位置绘制的一种简图。元器件布置图中各电器的文字符号必须与电路图中的保持一致。

4）检测元器件。安装元器件之前需要进行检测，保证元器件的质量和数量达到要求，以保障电路的运行。为了确保安全，检验元器件的质量应在断电的情况下，用指针万用表欧姆挡检查开关、熔断器、白炽灯是否良好。

5）根据电路图及布置图进行布线。

布线工艺要求：元器件布置合理、匀称、安装可靠，便于走线。按原理图接线，接线规范正确，走线合理，无接点松动、露铜、过长、反圈、压绝缘层等现象。

6）对照原理图检验电路是否短路。

具体方法：取下白炽灯，闭合开关，用万用表欧姆挡 1k 挡检测接相线和中性线进线端的电阻，如果万用表指针没有偏转，代表电阻无穷大，没有短路，是正确的，反之存在短路错误。

7）通电检测。在老师的指导下进行通电检测，禁止私自在实训室进行通电测试。

5.2.2　正弦交流电路的功率

设正弦稳态电路中负载的端电压为 $u = U_{\mathrm{m}} \sin(\omega t + \varphi)$，电流为 $i = I_{\mathrm{m}} \sin \omega t$，则电路在任一瞬时的功率即瞬时功率为

$$
\begin{aligned}
p = ui &= U_{\mathrm{m}} I_{\mathrm{m}} \sin(\omega t + \varphi) \sin \omega t = 2UI \left[\frac{1}{2} \cos \varphi - \frac{1}{2} \cos(2\omega t + \varphi) \right] \\
&= UI \cos \varphi - UI \cos(2\omega t + \varphi)
\end{aligned}
\tag{5.22}
$$

平均功率为

$$
P = \frac{1}{T} \int_0^T p\,\mathrm{d}t = \frac{1}{T} \int_0^T \left[UI \cos \varphi - UI \cos(2\omega t + \varphi) \right] \mathrm{d}t = UI \cos \varphi
\tag{5.23}
$$

从电压三角形可得出

$$
U \cos \varphi = U_{\mathrm{R}} = RI
$$

于是，电阻上消耗的电能为

$$
P_{\mathrm{R}} = U_{\mathrm{R}} I = RI^2 = UI \cos \varphi = P
$$

由上式可见，交流电路中的有功功率 P 等于电阻中消耗的功率 P_{R}。串联电路中无功功率 Q 为储能元件上的电压 U_{X} 乘以 I，即

$$Q = U_X I = (U_L - U_C)I = I^2(X_L - X_C) = UI\sin\varphi \qquad (5.24)$$

式（5.23）和式（5.24）是计算正弦交流电路中平均功率（有功功率）和无功功率的一般公式。

在正弦交流电路中，电压与电流有效值的乘积称为视在功率 S，单位为伏·安（V·A）或千伏·安（kV·A）。

$$S = UI = |Z|I^2 \qquad (5.25)$$

由式（5.23）～式（5.25）可得，P、Q 和 S 之间的关系为

$$\left.\begin{array}{l} P = S\cos\varphi \\ Q = S\sin\varphi \\ S = \sqrt{P^2 + Q^2} \end{array}\right\} \qquad (5.26)$$

显然，它们也可以用一个直角三角形（功率三角形）来表示，如图 5.19 所示。电压、功率和阻抗三角形都很相似。

图 5.19 功率三角形

如果电路中同时接有若干个不同功率因数的负载，电路总的有功功率为各负载有功功率的算术和，无功功率为无功功率的代数和，即

$$\sum P = P_1 + P_2 + P_3 + \cdots + P_n \qquad (5.27)$$

$$\sum Q = Q_1 + Q_2 + Q_3 + \cdots + Q_n \qquad (5.28)$$

则视在功率为

$$S = UI = \sqrt{\left(\sum P\right)^2 + \left(\sum Q\right)^2} \qquad (5.29)$$

式中，U 和 I 分别代表电路的总电压和总电流。当负载为感性负载时，Q 为正值；当负载为容性负载时，Q 为负值。

5.2.3 导线的选择

导线也称"电线"，用于生活和工业中电的传输。在实际使用中为了保证系统的安全和经济，在选用导线时应考虑导线的材料、导线的绝缘性能及导线的截面面积。

1. 导线的材料选择

导线的材料主要有铜和铝,铜的导电性能比铝的导电性能好。铜的电阻率为 1.67～ 1.68×10^{-1}Ω·mm^2/m,铝的电阻率为 2.635×10^{-2}Ω·mm^2/m。由此可得出:若长度和电阻值相同,铜线的截面积是铝线的 1.6 倍。另外,铜线的机械性能优于铝线。所以,某些特殊场所规定必须使用铜线,如防爆所、仪器仪表等。但是铝的密度比铜的轻,只为铜的 30%。因此,输送相同的电流,铝导线约轻 52%,这对于架空线来说尤为重要。

2. 导线的绝缘性能

导线的绝缘性能必须符合使用中对绝缘的要求,导线的绝缘就是在导线外围均匀而密封地包裹一层不导电的材料,如树脂、塑料、硅橡胶、PVC 等。防止导线与外界接触从而发生触电事故。常用的是聚氯乙烯绝缘导线和橡皮绝缘导线。

3. 导线的截面积

实际使用中选取导线的截面积比较复杂,主要是考虑的因素较多,主要有导线载流量、敷设方式、散热条件等。但通过长期的实践,总结出了导线安全电流口诀:10 下五;100 上二;25、35 四三界;70、95 两倍半;穿管、温度八九折;裸线加一半;铜线升级算。该口诀解释如下:10mm^2 以下各规格的电线,如 2.5mm^2、4mm^2、6mm^2、10mm^2,每平方毫米可以通过 5A 电流;100mm^2 以上各规格的电线,如 120mm^2、150mm^2、185mm^2,每平方毫米可以通过 2A 电流;25mm^2 的电线每平方毫米可以通过 4A 电流,35mm^2 的电线每平方毫米可以通过 3A 电流;70mm^2、95mm^2 的电线每平方毫米可以通过 2.5A 电流;如果电线需穿电线管或经过高温地方,其安全电流需打折扣,即安全电流再乘以 0.8 或 0.9;架空的裸线可以通过较大的电流,即在原来的安全电流上再加上一半的电流;铜线升级算是指每种规格的铜线可以通过的电流与高一级规格的铝线可以通过的电流相同。例如,2.5mm^2 的铜线可以代替 4mm^2 的铝线,4mm^2 的铜线可以代替 6mm^2 的铝线。这个估算口诀简单易记,估算的安全载流量与实际非常接近,在我们选择导线时很有帮助。如果我们知道了负荷的电流就可很快算出使用多大截面的导线。

5.2.4 正弦交流电路中的谐振

在具有电感和电容元件的电路中,电路两端的电压与其中的电流一般是不相同的,如果我们调节电路的参数或电源的频率而使它们相同,这时电路就发生谐振现象。按发生谐振电路的不同,谐振现象可分为串联谐振和并联谐振。

1．串联谐振

在 RLC 串联电路中，当 $X_L = X_C$ 时，电路中的电压和电流同相，电路发生串联谐振。此时　$\varphi = \arctan \dfrac{X_L - X_C}{R} = 0$，$\cos\varphi = 1$，电路呈电阻性。令谐振频率为 ω_0，则由 $X_L = X_C$ 得：$\omega_0 L = \dfrac{1}{\omega_0 C}$，$\omega_0 = \sqrt{\dfrac{1}{LC}}$。则

$$f = f_0 = \frac{1}{2\pi\sqrt{LC}} \tag{5.30}$$

可见只要调节 L、C 和电源频率 f 都能使电路发生谐振。串联谐振具有以下特征。

1）电路的阻抗模 $|Z| = \sqrt{R^2 + (X_L - X_C)^2} = R$，其值最小。因此，在电源电压 U 不变的情况下，电路中的电流将在谐振时达到最大值，即 $I = I_0 = \dfrac{U}{R}$。在图 5.20 中分别画出了阻抗和电流等随频率变化的曲线。

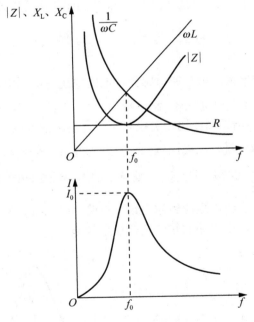

图 5.20　阻抗与电流等随频率变化曲线

2）由于电源电压与电路中电流同相（$\varphi = 0$），因此电路对电源呈现电阻性。电源供给电路的能量全被电阻所消耗，电源与电路之间不发生能量的互换。能量的互换只发生在电感和电容之间。

3）由于 $X_L = X_C$，于是 $U_L = U_C$。而 $\dot{U}_L$ 和 $\dot{U}_C$ 在相位上相反，互相抵消，对整个电

路不起作用，因此电源电压 $\dot{U} = \dot{U}_R$ （图 5.21）。但 U_L 和 U_C 的单独作用不容忽视。因为

$$\left. \begin{array}{l} U_L = X_L I = X_L \dfrac{U}{R} \\[3mm] U_C = X_C I = X_C \dfrac{U}{R} \end{array} \right\} \tag{5.31}$$

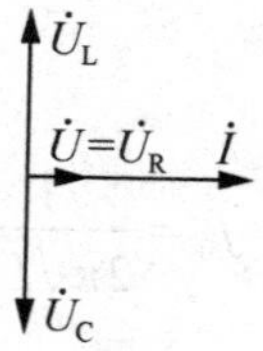

图 5.21 串联谐振相量图

当 $X_L = X_C > R$ 时，U_L 和 U_C 都高于电源电压 U。如果电压过高，可能击穿线圈和电容器的绝缘。因此，在电力工程中一般应避免发生串联谐振。但在无线电工程中，则常利用串联谐振以获得较高电压，电容和电感电压常高于电源电压几十倍或几百倍。所以，串联谐振也称为电压谐振。U_L 和 U_C 与电源电压 U 的比值通常称为电路的品质因数 Q，有

$$Q = \frac{U_C}{U} = \frac{U_L}{U} = \frac{1}{\omega_0 CR} = \frac{\omega_0 L}{R} \tag{5.32}$$

式（5.32）表示在谐振时电容和电感元件上的电压是电源电压的 Q 倍。在无线电中通常利用这一特征选择信号并将小信号放大。

如图 5.22 所示，当谐振曲线比较尖锐时，稍有偏离谐振频率 f_0，信号就大大减弱。也就是说，谐振曲线越尖锐，选择性越强。一般用通频带来表示，通频带宽度规定为在电流 I 等于最大值 I_0 的 70.7%（即 $\dfrac{1}{\sqrt{2}}$）处频率的上下限之间的宽度。即 $\Delta f = f_2 - f_1$。

通频带宽度越小，表明谐振曲线越尖锐，电路的频率选择性越强。对于谐振曲线，Q 值越大，曲线越尖锐，则电路的频率选择性也越强。

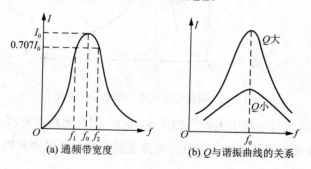

(a) 通频带宽度   (b) Q 与谐振曲线的关系

图 5.22 串联谐振曲线

2. 并联谐振

图 5.23 所示是电容器与电感线圈并联的电路。电路的等效阻抗为

$$Z = \frac{\dfrac{1}{j\omega C}(R + j\omega L)}{\dfrac{1}{j\omega C} + (R + j\omega L)} = \frac{R + j\omega L}{1 + j\omega RC - \omega^2 LC}$$

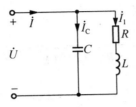

图 5.23　并联电路

通常线圈的电阻很小，即 $\omega L \gg R$，则上式可写成

$$Z \approx \frac{j\omega L}{1 + j\omega RC - \omega^2 LC} = \frac{1}{\dfrac{RC}{L} + j\left(\omega C - \dfrac{1}{\omega L}\right)} \tag{5.33}$$

由式（5.33）可得并联谐振频率，即将电源频率 ω 调到 ω_0 时发生谐振，这时

$$\omega_0 C - \frac{1}{\omega_0 L} \approx 0 \quad \text{或} f = f_0 \approx \frac{1}{2\pi\sqrt{LC}} \tag{5.34}$$

与串联谐振频率近于相等。

并联谐振具有下列特征。

1）由式（5.33）可知，谐振时电路的阻抗模为

$$|Z_0| = \frac{1}{\dfrac{RC}{L}} = \frac{L}{RC} \tag{5.35}$$

其值最大，因此在电源电压 U 一定的情况下，电路中的电流 I 将在谐振时达到最小值，即

$$I = I_0 = \frac{U}{\dfrac{L}{RC}} = \frac{U}{|Z_0|} \tag{5.36}$$

2）由于电源电压与电路中电流同相（$\varphi = 0$），因此电路对电源呈现电阻性，谐振时电路的阻抗模 $|Z|$ 与电流的谐振曲线如图 5.24 所示。

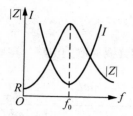

图 5.24　阻抗和电流随频率变化曲线

3）谐振时各并联支路的电流为

$$I_1 = \frac{U}{\sqrt{R^2 + (2\pi f_0 L)^2}} \approx \frac{U}{2\pi f_0 L}$$

$$I_C = \frac{U}{\dfrac{1}{2\pi f_0 C}} = 2\pi f_0 C U$$

而

$$|Z_0| = \frac{L}{RC} = \frac{2\pi f_0 L}{R(2\pi f_0 C)} \approx \frac{(2\pi f_0 L)^2}{R}$$

当 $2\pi f_0 L \gg R$ 时

$$2\pi f_0 L \approx \frac{1}{2\pi f_0 C} \ll \frac{(2\pi f_0 L)^2}{R} = |Z_0|$$

于是可得 $I_1 \approx I_C \gg I_0$，即在谐振时并联支路的电流近于相等，而比总电流大许多倍。因此，并联谐振也称为电流谐振。I_C 或 I_1 与总电流 I_0 的比值为电路的品质因数，即

$$Q = \frac{I_1}{I_0} = \frac{2\pi f_0 L}{R} = \frac{\omega_0 L}{R}$$

即在谐振时，支路电流 I_C 或 I_1 是总电流 I_0 的 Q 倍。

4）如果并联电路由恒流源供电，当电源为某一频率时电路发生谐振，电路阻抗最大，电流通过时电路两端产生的电压也是最大。当电源为其他频率时电路不发生谐振，阻抗较小，电路两端的电压也较小。这样起到选频的作用。Q 越大，选择性越好。

5.2.5　耦合电感电路——互感器的应用

1. 电压互感器

图 5.25 所示是电压互感器的原理图。它的一次绕组匝数 N_1 很多，直接并联到被测

的高压线路上。二次绕组的匝数 N_2 较少，接在高阻抗的测量仪表上（如电压表、功率表的电压线圈等）。由于二次绕组接在高阻抗的仪表上，二次测的电流很小，所以电压互感器的运行情况相当于变压器的空载运行状态。如果忽略漏阻抗压降，则有 $U_1/U_2 = N_1/N_2 = K$。因此，利用一、二次侧不同的匝数比可将线路上的高电压变为低电压来测量。电压互感器的二次侧额定电压一般都设计为 100V。

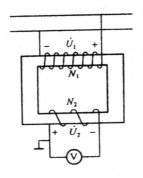

图 5.25　电压互感器原理图

提高电压互感器的精度，关键是减小励磁电流和绕组的漏阻抗。所以，应选用性能较好的硅钢片制作铁芯，且不能使铁芯饱和。

为安全起见，使用中的电压互感器的二次侧不能短路，否则会产生很大的短路电流。因此，电压互感器的二次侧连同铁芯一起必须可靠地接地。

2. 电流互感器

电流互感器的原理图如图 5.26 所示。它的一次绕组由一匝到几匝较大截面的导线做成，并且串入需要测量电流的电路中。二次绕组的匝数较多，并与阻抗很小的仪表（如电流表、功率表的电流线圈）接成回路。因此，电流互感器的运行情况相当于变压器的短路运行。若忽略励磁电流，根据磁势平衡关系，有 $I_1/I_2 = N_2/N_1 = 1/K$，其中，$1/K$ 为电流互感器的额定电流比。因此，利用一、二次侧不同的匝数比可将线路上的大电流变为小电流来测量。电流互感器二次侧的额定电流规定为 5A 或 1A。

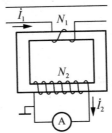

图 5.26　电流互感器原理图

由于电流互感器要求的测量误差较小，所以励磁电流越小越好。为此，铁芯的磁密度应较低。绝对避免励磁电流是不可能的，按照误差的大小，电流互感器分为 0.2、0.5、1.0、3.0 和 10.0 五个等级。例如，0.5 级准确度就是表示在额定电流时，一、二次侧电流比的误差不超过 0.5%。

为了使用安全，电流互感器的二次绕组必须可靠接地。另外，电流互感器在运行中二次绕组绝对不允许开路。因为二次侧开路，会使电流互感器成为空载运行，此时线路中的大电流全部成为励磁电流，使铁芯中的磁密度剧增。这一方面使铁损大大增加，从而使铁芯发热到不能允许的程度；另一方面又使二次绕组的感应电动势增高到危险的程度。

项目6　三相正弦交流电路的分析与测量

任务 6.1　三相电源与三相负载

6.1.1　三相交流电路的基本概念

电力系统普遍采用三相交流电源供电，由三相交流电源供电的电路称为三相交流电路。三相对称交流电源是指由三个幅值相等、频率相同、初相依次相差 120°的正弦电压源连接成星形（Y）或三角形（△）组成的电源。这三个电源依次称为 A 相、B 相和 C 相。如果以 A 相为参考，它们的电压为

$$\left.\begin{array}{l} u_A = U_m \sin \omega t \\ u_B = U_m \sin(\omega t - 120°) \\ u_C = U_m \sin(\omega t + 120°) \end{array}\right\} \tag{6.1}$$

式中，U_m 为电压的振幅；ω 为电压的角频率。

对应的相量形式为

$$\left.\begin{array}{l} U_A = U \angle 0° \\ U_B = U \angle -120° \\ U_C = U \angle 120° \end{array}\right\} \tag{6.2}$$

式中，U 为电压的有效值。

三相对称交流电源的波形图、相量图如图 6.1 所示。

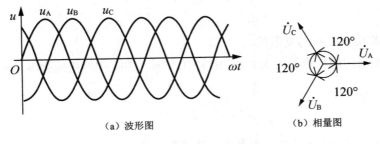

（a）波形图　　　　　　（b）相量图

图 6.1　三相对称交流电源

由三相对称交流电源的波形图、相量图分析可得，在任何瞬时时刻，三相对称交流

电源的电压之和为零，即

$$u_A + u_B + u_C = 0$$
$$\dot{U}_A + \dot{U}_B + \dot{U}_C = 0$$

（6.3）

上述三相电压的相序 A、B、C 称为正序或顺序，与此相反则为反序或逆序。

6.1.2　三相负载的连接方式

三相电路中负载的连接也有星形（Y）和三角形（△）两种方式。

1．负载的星形（Y）连接

图 6.2 所示为三相负载的星形连接电路图，它的接线原则与三相电源的星形连接相似，即将每相负载末端连成一点 N′，首端 A′、B′、C′分别接到电源线上。如图所示，由三根火线和一根地线所组成的输电方式称为三相四线制（通常在低压配电系统中采用）；只由三根火线所组成的输电方式称为三相三线制（在高压输电时采用较多）。

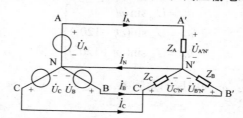

图 6.2　电源和负载均为星形连接的三相电路

三相电路中的每一相都可以看成一个单相电路，所以各相电流与电压间的相位关系及数量关系都可用讨论单相电路的方法来讨论。若三相负载对称，则在三相对称电压的作用下，流过三相对称负载中每相负载的电流应相等，即

$$I_L = I_A = I_B = I_C = \frac{U_p}{|Z_p|}$$

（6.4）

式中，U_p 为相电压；Z_p 为复阻抗。

而每相电流间的相位差为 120°，由 KCL 定律可知，中线电流为零，对应的相量式为

$$\dot{I}_N = \dot{I}_A + \dot{I}_B + \dot{I}_C = 0$$

因此，在三相对称电路中，当负载采用星形连接时，由于流过中线的电流为零，取消中线也不会影响各相负载的正常工作，这样三相四线制就可以变成三相三线制供电。

2. 负载的三角形（△）连接

将三相负载分别接在三相电源的每两根相线之间的接法，称为三相负载的三角形连接，如图6.3（a）所示。

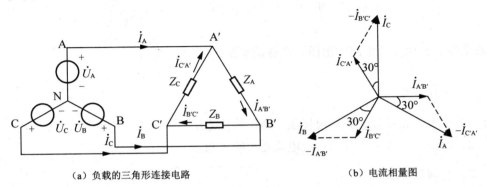

（a）负载的三角形连接电路　　　　　　　（b）电流相量图

图6.3　负载的三角形连接电路及电流相量图

对于三角形连接的每相负载来说，也是单相交流电路，所以各相电流、电压和阻抗三者的关系仍与单相电路相同。由于三角形连接的各相负载是接在两根相线之间，因此负载的相电压就是线电压。假设三相电源及负载均对称，则三相电流大小均相等，为

$$I_{\mathrm{p}} = I_{\mathrm{A'B'}} = I_{\mathrm{B'C'}} = I_{\mathrm{C'A'}} = \frac{U_{\mathrm{p}}}{|Z_{\mathrm{p}}|} \tag{6.5}$$

式中，U_{p} 为相电压；Z_{p} 为复阻抗。

三个相电流在相位上相差120°，图6.3（b）所示为它们的相量图，所以，线电流分别为

$$\dot{I}_{\mathrm{A}} = \dot{I}_{\mathrm{A'B'}} - \dot{I}_{\mathrm{C'A'}}$$
$$\dot{I}_{\mathrm{B}} = \dot{I}_{\mathrm{B'C'}} - \dot{I}_{\mathrm{A'B'}}$$
$$\dot{I}_{\mathrm{C}} = \dot{I}_{\mathrm{C'A'}} - \dot{I}_{\mathrm{B'C'}}$$

通过几何关系不难证明，当三相对称负载采用三角形连接时，线电流等于相电流的 $\sqrt{3}$ 倍。

$$\dot{I}_{\mathrm{A}} = \sqrt{3} \angle(-30°)\dot{I}_{\mathrm{A'B'}}$$
$$\dot{I}_{\mathrm{B}} = \sqrt{3} \angle(-150°)\dot{I}_{\mathrm{A'B'}}$$
$$\dot{I}_{\mathrm{C}} = \sqrt{3} \angle 90° \dot{I}_{\mathrm{A'B'}}$$

即

$$I_{\mathrm{l}} = \sqrt{3} I_{\mathrm{p}} \tag{6.6}$$

式中，I_p 为相电流；I_1 为线电流。

因此，在对称的三相电路中，有如下结论。

1）在对称三相负载的星形连接电路中，$U_1 = \sqrt{3}U_p$，$I_1 = I_p$。

2）在对称三相负载的三角形连接电路中，$U_1 = U_p$，$I_1 = \sqrt{3}I_p$。

实践活动：三相交流电路中电压、电流的测量

1. 实训目的

1）掌握三相负载的星形连接及三角形连接方法。

2）验证相、线电压及相、线电流之间的关系。

2. 实训器材

1）交流电压表，2只。

2）交流电流表，2只。

3）三相自耦调压器，1只。

4）三相灯组负载，3组。

3. 实训内容及步骤

1）按图 6.4 所示线路连接实验电路，使输出的三相线电压为 220V，并按下述内容完成各项实验，分别测量三相负载的线电压、相电压、线电流、相电流、中性线电流、电源与负载中点间的电压。

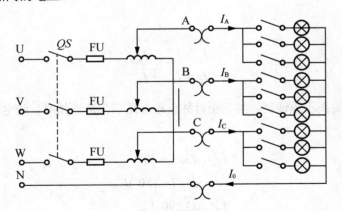

图 6.4　三相负载的星连接电路

将所测得的数据记入表 6.1 中，并观察各相灯组亮暗的变化程度，特别要注意观察中线的作用。

表 6.1　负载星形连接时电压、电流的测量数据

实验内容		U_{AB}/V	U_{BC}/V	U_{CA}/V	U_A/V	U_B/V	U_C/V	I_A/A	I_B/A	I_C/A	I_N/A
星形	中线										
对称	有										
	无										
A 相开路	有				×						
	无				×						

2）按图 6.5 所示改接线路，接通三相电源，并调节调压器，使其输出线电压为 220V，并按表 6.2 的内容进行测试。

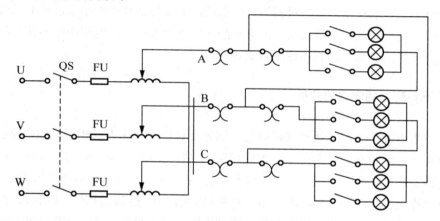

图 6.5　三相负载的三角形连接电路

将所测得的数据记入表 6.2 中，并观察各相灯组亮暗的变化程度。

表 6.2　负载三角形连接时电压、电流的测量数据

实验内容	开灯盏数			线电压=相电压/V			线电流/A			相电流/A		
	A-B 相	B-C 相	C-A 相	U_{AB}	U_{BC}	U_{CA}	I_A	I_B	I_C	I_{AB}	I_{BC}	I_{CA}
三相平衡	3	3	3									
三相不平衡	1	2	3									

任务 6.2　三相电路的分析

三相电路是指由三相电源和三相负载组成的交流电路。它是正弦交流电路的一种特

殊类型。它有对称三相电路和不对称三相电路两种类型。

6.2.1　对称三相电路的分析

　　若三相电源对称（即每相电压相等），三相负载也对称（即每相复阻抗相等），这样组成的三相电路叫对称三相电路。

　　在对称的丫-丫相电路中（即电源是星形联结，负载也是星形联结）中性线线电流总是为零。中性线的有无不影响电路的工作状态，中性线可去掉。由于实际应用中，三相负载绝对相等的情况较少，大多都处在相对均衡状态，为了防止负载出现严重不均衡，从而损害电源的现象，因此丫-丫三相电路中的中性线必须保留。在对称的丫-△或△-△三相电路中，要求三相负载绝对相等，否则三相电源将受到严重损伤。对于三相对称电路的计算，我们可取一相按正弦交流电路的计算规律进行，其他两相因与其对称，所以不必逐个计算，计算方法和步骤不再叙述。

6.2.2　不对称三相电路的分析

　　若三相电源、三相负载和线路中有一部分不对称，就称为三相不对称电路。

　　在实际工作中不对称三相电路大量存在，主要原因是三相负载的不对称。在对称的三相电路中若某一相负载发生短路（或开路），某一端线断开，该电路就失去了对称性，成为不对称电路。在丫-丫组成的三相不对称电路中，中性线时绝对不能省掉，否则电源将受到损害。不对称三相电路由于每一相都不同，因此分析和计算都要逐相进行。

　　在实际应用中为了使电源不受损害，负载相互不受到影响，应尽量使三相电路对称运行。

任务 6.3　功率计算和常用控制器件的安装使用

6.3.1　三相电路的功率

　　三相电路中，三相有功功率等于各相有功功率的总和。三相无功功率等于各相无功功率的总和。

　　若各相负载的相电压为 U_U、U_V、U_W，各相负载的相电流为 I_U、I_V、I_W，各相电流、电压相位差为 φ_U、φ_V、φ_W，则三相有功功率为

$$P = P_U + P_V + P_W$$
$$= U_U I_U cos\varphi_U + U_V I_V cos\varphi_V + U_W I_W cos\varphi_W$$

三相无功功率为

$$Q = Q_U + Q_V + Q_W$$
$$= U_U I_U \sin\varphi_U + U_V I_V \sin\varphi_V + U_W I_W \sin\varphi_W$$

若三相负载对称，则

$$P = 3U_P I_P \cos\varphi \qquad (6.7)$$

$$Q = 3U_P I_P \sin\varphi \qquad (6.8)$$

即

$$P = \sqrt{3} U_L I_L \cos\varphi \qquad (6.9)$$

$$Q = U_L I_L \sin\varphi \qquad (6.10)$$

三相视在功率为

$$S = \sqrt{P^2 + Q^2} \qquad (6.12)$$

如果三相负载对称，则

$$S = \sqrt{(\sqrt{3} U_L L_L \cos\varphi)^2 + (\sqrt{3} U_L L_L \sin\varphi)^2} \qquad (6.13)$$
$$= 3U_P I_P = \sqrt{3} U_L I_L$$

在对称情况下，$\lambda = \dfrac{P}{S} = \cos\varphi$，即为一相负载的功率因数。

【例 6.1】 有一三相对称负载，每相阻抗为 Z=（16+j12）Ω，电源电压为 380V，计算接成星形和三角形时电路的有功功率和无功功率。

解：星形联结时

$$U_P = \frac{U_L}{\sqrt{3}} = \frac{380}{\sqrt{3}} \approx 220(V)$$

$$I_L = I_P = \frac{U_P}{|Z|} = \frac{220}{\sqrt{16^2 + 12^2}} = 11(A)$$

$$P = \sqrt{3} U_L I_L \cos\varphi = \sqrt{3} \times 380 \times 11 \times \frac{16}{\sqrt{16^2 + 12^2}} \approx 5.8(kW)$$

$$Q = \sqrt{3} U_L I_L \sin\varphi = \sqrt{3} \times 380 \times 11 \times \frac{16}{\sqrt{16^2 + 12^2}} \approx 4.35(kvar)$$

三角形联结时

$$U_L = U_P = 380(V)$$

$$I_L = \sqrt{3}I_P = \sqrt{3} \times \frac{220}{\sqrt{16^2 + 12^2}} \approx 33(A)$$

$$P = \sqrt{3}U_L I_L \cos\varphi = \sqrt{3} \times 380 \times 33 \times \frac{16}{\sqrt{16^2 + 12^2}} \approx 17.4(kW)$$

$$Q = \sqrt{3}U_L I_L \sin\varphi = \sqrt{3} \times 380 \times 33 \times \frac{16}{\sqrt{16^2 + 12^2}} \approx 13.05(kvar)$$

将两次计算结果作比较,在相同的电源电压下,三角形联结时的线电流、有功功率、无功功率是星形联结时的 3 倍。

6.3.2 三相电路常用控制器件

1. 组合开关

在机床电气控制线路中,组合开关(又称转换开关)常用来作为电源引入开关,也可以用它来直接控制小容量鼠笼式电动机。

组合开关的种类很多,常用的有 HZ10 等系列的,其结构如图 6.6(a)所示。它有三对静触片,每个触片的一端固定在绝缘垫板上,另一端伸出盒外,连在接线柱上,三个动触片套在装有手柄的绝缘转动轴上,转动转轴就可以将三个触点(彼此相差一定角度)同时接通或断开。图 6.6(b)所示是用组合开关来启动和停止异步电动机的接线图。图 6.6(c)所示是组合开关的图形符号。

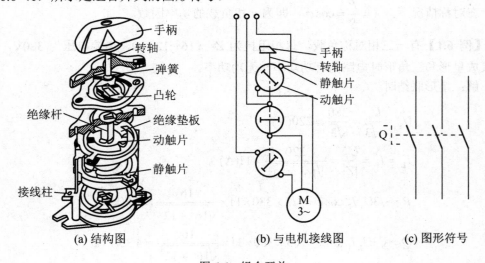

(a) 结构图   (b) 与电机接线图   (c) 图形符号

图 6.6　组合开关

组合开关有单极、双极、多极性三大类，额定电流有 10A、25A、60A 和 100A 等几个等级。根据接线方式的不同分为同时通断、交替通断、两位转换、三位转换和四位转换等。

2. 按钮

按钮通常用来接通或断开控制电路，以操纵接触器、继电器和电机等的动作，从而控制电机或其他电器设备的运行。图 6.7 给出了一种控制按钮的外形、内部结构及图形符号。在图 6.7（b）中，1 和 2 是静触点，3 是动触点（导体）。动触点 3 与按钮帽 4 为一体，按下按钮帽，动触点向下移动，先断开静触点 1，后接通静触点 2。松开按钮帽，由于弹簧作用，动触点 3 自动恢复。动作前接通的触点为常闭触点，断开的触点为常开触点。

图 6.7 中所示的按钮有一对常闭触点和一对常开触点。有的按钮只有一对常闭触点或一对常开触点，也有具有两对常开触点或两对常开触点和两对常闭触点的。实际上，往往把两个、三个或多个按钮单元作成一体，组成双联、三联或多联按钮，以满足电动机起停、正反转或其他复杂控制的需要。

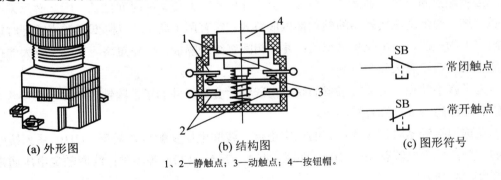

(a) 外形图　　　　(b) 结构图　　　　(c) 图形符号

1、2—静触点；3—动触点；4—按钮帽。

图 6.7 按钮

3. 交流接触器

交流接触器常用来接通和断开电动机或其他设备的主电路，每小时可开闭几百次。接触器主要由电磁铁和触点两部分组成，它是利用电磁铁的吸引力而动作的。图 6.8（a）所示是交流接触器的主要结构图。当吸引线圈通电后，吸引山字形动铁芯（上铁芯），而使常开触点闭合，常闭触点断开。图 6.8（b）所示为交流接触器的图形符号。根据用途不同，接触器的触点分为主触点和辅助触点两种。辅助触点通过电流较小，常接在电动机的控制电路中；主触点能通过较大电流，接在电动机的主电路中。如 CJ10-20 型交流接触器有三个常开主触点，四个辅助触点（两个常开，两个常闭）。

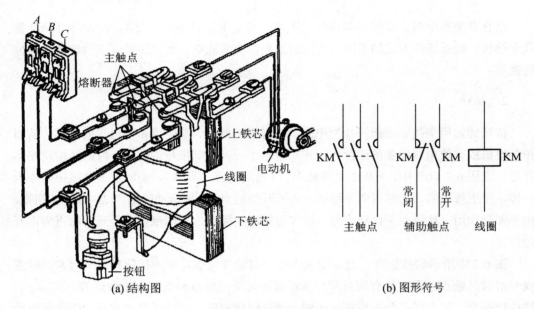

图 6.8 交流接触器的主要结构图

当主触点断开时，其间产生电弧，会烧坏触点，并使切断时间拉长，因此必须采取灭弧措施。通常交流接触器的触点都做成桥式，它有两个断点，以降低当触点断开时加在断点上的电压，使电弧容易熄灭；并且相间有绝缘隔板，以免短路。在电流较大的接触器中还专门设有灭弧装置。

为了减小铁损，交流接触器的铁芯由硅钢片叠成；并为了消除铁芯的颤动和噪声，在铁芯端面的一部分套有短路环。

在选用接触器时，应注意它的额定电流、线圈电压及触点数量等。CJ10 系列接触器的主触点额定电流有 5A、10A、20A、40A、75A、120A 等多种；线圈额定电压通常是 220V 或 380V。

常用的交流接触器还有 CJ12、CJ20 和 3TB 等系列。

4. 中间继电器

中间继电器通常用来传递信号和同时控制多个电路，也可直接用它来控制小容量电动机或其他电气执行元件。中间继电器的结构和交流接触器基本相同，只是电磁系统小些，触点多些。常用的中间继电器有 JZ7 系列和 JZ8 系列两种，后者是交直流两用的。此外，还有 JTX 系列小型通用继电器，常用在自动装置上以接通或断开电路。

在选用中间继电器时，主要是考虑电压等级和触点（常开和常闭）数量。

5. 热继电器

热继电器用来保护电动机使之免受长期过载的危害。

热继电器是利用电流的热效应而动作的，它的原理图和图形符号如图 6.9（a）、（c）所示，接线图如图 6.9（b）所示。热元件是一段电阻不大的电阻丝，接在电动机的主电路中。双金属片系由两种具有不同热膨胀系数的金属辗压而成。图中，下层金属的膨胀系数大，上层的小。当主电路中电流超过容许值而使双金属片受热时，它便向上弯曲，推杆 14 在弹簧的拉力下将常闭触点断开。触点是接在电动机的控制电路中的，控制电路断开而使接触器的线圈断电，从而断开电动机的主电路。

由于热惯性，热继电器不能作短路保护。因为发生短路事故时，我们要求电路立即断开，而热继电器是不能立即动作的。但是这个热惯性也是合乎我们要求的，在电动机启动或短时过载时，热继电器不会动作，这可避免电动机不必要的停车。如果要热继电器复位，则按下复位按钮 12 即可。

通常用的热继电器有 JR0、JR10 及 JR16 等系列。热继电器的主要技术数据是整定电流。所谓整定电流，就是热元件中通过的电流超过此值的 20%时，热继电器应当在 20 分钟内动作。JR10-10 型的整定电流从 0.25A 到 10A，热元件有 17 个规格。JR0-40 型的整定电流从 0.6A 到 40A，有 9 种规格。根据整定电流选用热继电器，整定电流与电动机的额定电流基本上一致。

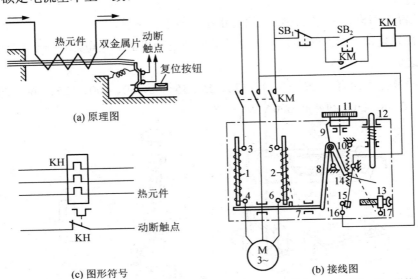

(a) 原理图

(c) 图形符号　　　　　　　　　　(b) 接线图

1、2—双金属片；3、4、5、6—热电阻丝；7—导板；8—补偿双金属片；9—调整杆；10—弹簧；11—整定凸轮；12—复位按钮；13—自动手动螺丝；14—推杆；15—动触点；16、17—静触点。

图 6.9　热继电器的原理图和图形符号

6. 熔断器

熔断器是最简便的而且最有效的短路保护电器。熔断器中的熔片或熔丝用电阻率较高的易熔合金制成，如铅锡合金等；或用截面积甚小的良导体制成，如铜、银等。线路在正常工作情况下，熔断器中的熔丝或熔片不应熔断。一旦发生短路或严重过载时，熔断器中的熔丝或熔片应立即熔断。

图6.10所示是常用的三种熔断器的结构图。

选择熔丝的方法如下。

1）电灯支线的熔丝。

熔丝额定电流≥支线上所有电灯的工作电流

2）一台电动机的熔丝。

为了防止电动机启动时电流较大而将熔丝烧断，因此熔丝不能按电动机的额定电流来选择，应按下式计算：

$$熔丝额定电流 \geq \frac{电动机的起动电流}{2.5}$$

如果电动机启动频繁，则为

$$熔丝额定电流 \geq \frac{电动机的起动电流}{1.6 \sim 2}$$

3）几台电动机合用的总熔丝一般可粗略地按下式计算。

熔丝额定电流=（1.5～2.5）×（容量最大的电动机的额定电流）+（其余电动机的额定电流之和）

熔丝的额定电流有4、6、10、15、20、25、35、60、80、100、125、160、200、225、260、300、350、430、500和600A等。

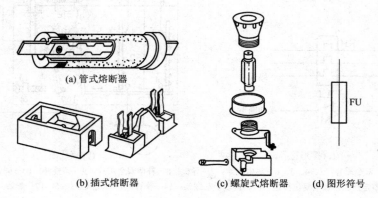

(a) 管式熔断器

(b) 插式熔断器　　　　(c) 螺旋式熔断器　　　(d) 图形符号

FU

图6.10　熔断器

7. 自动空气断路器

自动空气断路器也叫自动开关，是常用的一种低压保护电器，可实现短路、过载和失压保护。它的结构形式很多，图 6.11 所示的是一般原理图。主触点通常是由手动的操作机构来闭合的。开关的脱扣机构是一套连杆装置。当主触点闭合后就被锁钩锁住。如果电路中发生故障，脱扣机构就在有关脱扣器的作用下将锁钩脱开，于是主触点在释放弹簧的作用下迅速分断。脱扣器有过流脱扣器和欠压脱扣器等，它们都是电磁铁。在正常情况下，过流脱扣器的衔铁是释放着的；一旦发生严重过载或短路故障时，与主电路串联的线圈（图中只画出一相）就将产生较强的电磁吸力把衔铁往下吸而顶开锁钩，使主触点断开。欠压脱扣器的工作恰恰相反，在电压正常时吸住衔铁，主触点才得以闭合；一旦电压严重下降或断电时，衔铁就被释放而使主触点断开。当电源电压恢复正常时，必须重新合闸后才能工作，实现了失压保护。

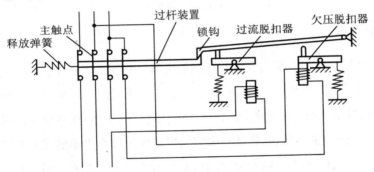

图 6.11　自动空气断路器的原理图

常用的自动空气断路器有 DZ、DW 等系列。

8. 行程开关

行程控制就是当运动部件到达一定行程位置时，对其运动状态进行控制。而反映其行程位置的检测元件称为行程开关。行程开关的种类很多，有机械式的，也有电子式的。这里仅介绍推杆式。

图 6.12 所示为推拉式行程开关的构造原理图和图形符号，它有一对常闭触点和一对常开触点。当推杆未被撞压时，两对触点处于原始状态。当运动部件压下推杆时，常闭触点断开，常开触点闭合。当运动部件离开后，在弹簧作用下复位。它与按钮基本类似，区别是按钮是用手按动，而它是运动部件压动的。

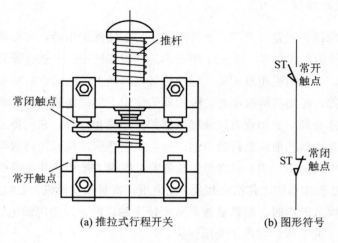

(a) 推拉式行程开关　　　　　　　　(b) 图形符号

图 6.12　行程开关

9. 时间继电器

时间继电器是对控制电路实现时间控制的电器。它的种类很多，常用的有空气式、电动式和电子式。其中空气式结构简单，成本低，应用较广泛。但由于精度低、稳定性较差，正逐步被数字式时间继电器所取代。下面以空气式时间继电器为例说明时间继电器的工作原理。空气式时间继电器是利用空气阻尼作用使继电器的触点延时动作的，一般分为通电延时（线圈通电后触点延时动作）和断电延时（线圈断电后触点延时动作）两类。图 6.13 所示为通电延时时间继电器的结构示意图，它主要由电磁机构、触点系统和空气室等部分组成。当线圈通电时，动铁芯被吸下，使之与活塞杆之间拉开一段距离，在释放弹簧的作用下，活塞杆就向下移动。但由于活塞上固定有橡皮膜，因此当活塞向下移动时，橡皮膜上方空气变得稀薄，气压变小。这样橡皮膜上下方存在着气压差，限制了活塞杆下降的速度，活塞杆只能缓慢下降。经过一定时间后，活塞杆下降到一定位置，通过杠杆推动延时触点动作，常开触点闭合，常闭触点断开。从线圈通电开始到触点完成动作为止，这段时间间隔就是继电器的延时时间。延时时间的长短可通过调节进气孔的大小来改变。延时继电器的触点系统有延时闭合、延时断开和瞬时闭合、瞬时断开四种触点类型，符号如图 6.13 所示。

断电延时型时间继电器读者可查阅相关资料。

空气式时间继电器的延时范围有 0.4～60s 和 0.4～180s 两种。

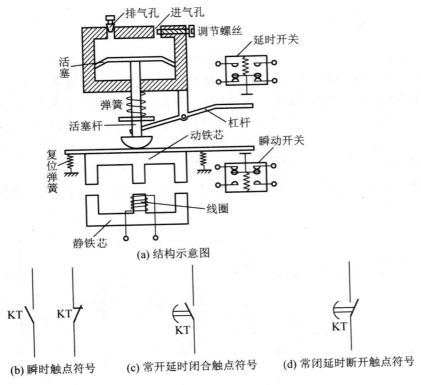

(a) 结构示意图

(b) 瞬时触点符号　　(c) 常开延时闭合触点符号　　(d) 常闭延时断开触点符号

图6.13　空气式通电延时时间继电器

实践活动：三相电路功率的测量

1. 实训目的

1）掌握用一瓦特表法、二瓦特表法测量三相电路有功功率与无功功率的方法。

2）掌握功率表的接线和使用方法。

2. 实训器材

1）交流电压表，2只。

2）交流电流表，2只。

3）单相功率表，2只。

4）三相自耦调压器，1只。

5）单相功率表，1只。

6）三相灯组负载，3组。

3. 实训内容及步骤

1）对于三相四线制供电的三相星形连接的负载，可用一只功率表测量各相的有功功率 P_A、P_B、P_C，则三相负载的总有功功率 $\Sigma P = P_A + P_B + P_C$。这就是一瓦特表法。若三相负载是对称的，则只需测量一相的功率，再乘以 3 即得三相总的有功功率。

用一瓦特表法测定三相对称及不对称负载的总功率 ΣP。实验按图 6.14 所示线路接线，线路中的电流表和电压表用以监视该相的电流和电压，注意不要超过功率表电压和电流的量程。

接通三相电源，调节调压器输出，使输出线电压为 220V，按表 6.3 的要求进行测量及计算。

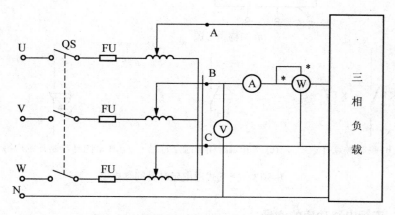

图 6.14　一瓦特表法测量三相负载的功率

表 6.3　一瓦特表法测量三相负载的功率数据

负载情况	开灯盏数			测量数据			计算值
	A 相	B 相	C 相	P_A/W	P_B/W	P_C/W	ΣP/W
Y 接对称负载	3	3	3				
Y 接不对称负载	1	2	3				

2）用二瓦特表法测定三相负载的总功率，分别将三相负载接成星形连接及三角形连接，按图 6.15 所示进行接线，测定两种负载连接方式的总功率。

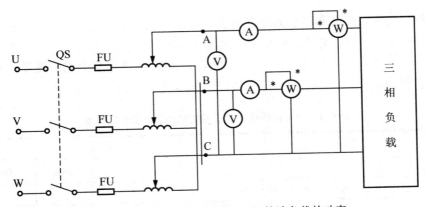

图 6.15　二瓦特表法测量三相星形接法负载的功率

接通三相电源，调节调压器输出，使输出线电压为 220V，按表 6.4 的要求进行测量及计算。

表 6.4　二瓦特表法测量三相负载的功率数据

负载情况	开灯盏数			测量数据		计算值
	A 相	B 相	C 相	P_1/W	P_2/W	ΣP/W
Y 接对称负载	3	3	3			
Y 接不对称负载	1	2	3			
△接不对称负载	1	2	3			
△接对称负载	3	3	3			

3）对于三相三线制供电的三相对称负载，可用一瓦特表法测得三相负载的总无功功率 Q，按图 6.16 所示的电路接线，功率表读数的 $\sqrt{3}$ 倍即为对称三相电路总的无功功率。

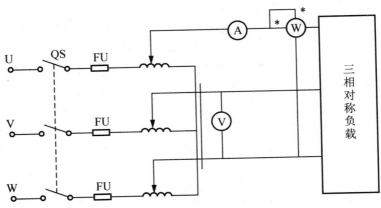

图 6.16　一瓦特表法测量三相对称负载的无功功率

每相负载由白炽灯和电容器并联而成，并由开关控制其接入。检查接线无误后，接通三相电源，将调压器的输出线电压调到 220V，读取三表的读数，并计算无功功率 $\sum Q$，记入表 6.5 中。分别按 I_V、U_{UW} 和 I_W、U_{UV} 接法重复上述的测量，并比较各自的 $\sum Q$ 的值。

表 6.5 一瓦特表法测量三相对称负载的无功功率数据

接 法	负载情况	测 量 值			计 算 值
		U/V	I/A	Q/var	$\Sigma Q = \sqrt{3}Q$
I_U U_{VW}	三相对称灯组（每相开 3 盏）				
	三相对称电容器（每相 4.7μF）				
I_V U_{VW}	三相对称灯组（每相开 3 盏）				
	三相对称电容器（每相 4.7μF）				
I_W U_{VW}	三相对称灯组（每相开 3 盏）				
	三相对称电容器（每相 4.7μF）				